과학의 방법

나카야 우키치로 지음 | 김수희 옮김

KB052658

AK

일러두기

1. 이 책은 국립국어원 외래어 표기법에 따라 외국 지명과 외국인 인명을 표기하였다.

2. 서적 제목은 겹낫표(『 』)로 표시하였으며, 그 외 인용, 강조, 생각 등은 따옴표를 사용하였다.
   예) 『우주의 수수께끼Die Welträtsel』, 『생명의 기원』, 『죽음이란 무엇인가』

3. 이 책은 산돌과 Noto Sans 서체를 이용하여 제작되었다.

알래스카 빙하 얼음의 단결정. 긴지름 16인치

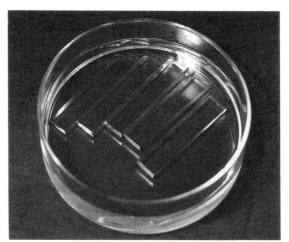

위의 단결정에서 잘라낸 얼음 표본

3

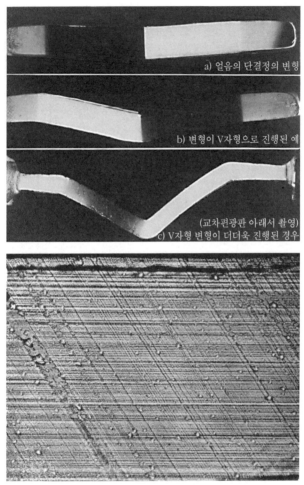

a) 얼음의 단결정의 변형

b) 변형이 V자형으로 진행된 예

(교차편광판 아래서 촬영)
c) V자형 변형이 더더욱 진행된 경우

미끄럼층과 가느다란 선의 흔적을 보이는 마크 부분

머리말

이 책의 제목은 『과학의 방법』이지만 이른바 방법론을 논하는 것이 이 책의 목적은 아니다.

일반적으로 방법론이란 철학적 의미에서의 방법론을 말한다. 그것에 대해 말해줄 적임자라면 필자 말고도 얼마든지 계신다. 이 자그마한 책자에서 추구하는 바는 오늘날 우리가 접하는 자연과학의 본질이 무엇인지, 그것이 어떤 방법을 통해 현재의 모습으로 발전해왔는지를 생각해보고자 함이다.

이 책은 NHK 교양대학 강좌로 9회에 걸쳐 방송했던 강의를 바탕으로 하고 있다. 강의 내용을 그대로 서술하는 형식이지만 약간의 내용을 보강했으며, 3장 정도는 새롭게 쓴 것을 추가했다. 애당초 체계적인 과학론을 논할 작정으로 시작한 작업이 아니었으며, 그것은 필자가 할 수 있는 범위를 뛰어넘는 일이기도 했다. 결국 과학론에 관한 수필집 형태로 정리하기로 했다.

책의 모든 부분에 걸쳐 바탕이 된 생각은 데라다 도라히 코寺田寅彦 선생님의 『물리학서설物理學序說』에 적잖게 의존하고 있다. 데라다 선생님의 책은 독서계에서 그다지 화제가 되지 않았지만, 일찍이 요시다 요이치吉田洋一 씨도 매우 높게 평가하신 바 있고, 필사도 일본에서 좀처럼 보기 드문 멋진 저서라고 생각한다. 애석하게도 미완성 초고 형식으로 남겨진 까닭에 가장 핵심적인 후반부가 빠져 있지만, 전반부만으로도 더할 나위 없는 탁견이어서 많은 부분을 그의 사고방식에 따랐다. 물론 오류도 있을 수 있겠지만 부족한 필자로서는 어쩔 수 없다.

부록 「전통 찻잔의 곡선」은 이전에 다도 관련 잡지에 게재했던 것인데, 제11장을 보완하겠다는 생각으로 다시금 수록했다.

삿포로에서 우키치로

목차

제1장
과학의 한계

과학에 대해 뭔가를 논하려고 할 때 먼저 짚고 넘어가야 할 문제는 과학의 한계에 대한 깊은 고민이다. 오늘날 우리들이 과학이라 칭하는 것들 중에는 우리가 다루기에 한계가 있는 것도 있다. 그 문제에 대해 우선 검토해봐야 할 것이다.

20세기에 과학은 눈부신 발전을 거듭했다. 특히 자연과학 분야에서 급격한 진보를 보였다는 사실은 새삼 언급할 필요가 없을 정도다. 인공지능이 활용되고, 원자력 기술이 보편화됐으며, 수많은 인공위성이 지구 상공을 돌고 있다. 세상은 그야말로 온통 과학 붐이다. 그리고 과학이 이런 양상으로 진보를 거듭하면 인간의 모든 문제들이 빠른 시간 내에 과학의 힘으로 해결될 거라고 생각하는 사람들도 제법 있는 것 같다.

물론 과학은 매우 강력한 힘을 가지고 있다. 하지만 과학이 강력하다는 것은 특정 범위 안에서의 이야기일 뿐이다. 그 한계를 벗어나면 의외로 무력하다는 사실을 자칫 간과하기 쉽다. 이른바 과학 만능의 사고방식이 최근의 풍조라고 할 수 있는데, 이는 과학의 성과에 현혹되었기 때문이라고 할 수도 있다. 인생과 관련된 고차원적인 문제는 물론, 자연현상 속에 존재하는 문제에 대해서도 과학으로 모든 것을 해결할 수는 없다. 현대 과학이 진보한 것은 온갖 자연현상 중에서 현대 과학에 적합한 문제만 끄집어내어 해결했기 때문이라고 생각하는 편이 타당하다. 좀 더 상세히 말하자면, 현대 과학의 방법으로 그 실체를 조사하는 데 무척 유리한 것, 즉 자연현상 가운데 몇몇 특수한 측면만이 과학을 통해 개발되고 있다는 말이다.

그것은 어떤 측면일까. 우선 가장 중요한 점은, 과학의 경우 '재현 가능'한 문제, 즉 영어로 reproducible하다고 말할 수 있는 문제가 그 대상이 된다는 사실이다. 과학은 몇 번이고 반복해서 시도해볼 수 있는 문제에 대해서만 성립된다.

어째서 과학은 재현 가능한 문제만 다룰 수 있을까. 과학은 어떤 사항이 '사실'인지 아닌지를 말하는 학문이기 때문이다. 과학은 어떤 것이 아름다운지, 혹은 옳거나 그른지에 대해 결코 말하지 않으며 말할 수도 없다.

그렇다면 과학에서 말하는 '사실'이란 무엇일까. 이에 대해 우선 생각해볼 필요가 있을 것이다. 간단히 말하면, 복수의 사람이 동일한 사항을 조사했을 때 항상 동일한 결과를 도출한다면 그것이 '사실'이라고 말한다. 물론 동일한 사항을 동일한 방법으로 조사할 수 없는 경우도 있을 수 있다. 인간이 자연계를 볼 때는 항상 인간의 감각을 통해 보기 마련이다. 감각을 통해 자연계를 보면서 지식을 얻는다. 이때 얻은 지식과 다른 사람이 그 사람의 감각을 통해 얻은 지식 사이에 모순이 없을 경우 우리는 그것을 '사실'이라고 말한다. 그렇지 않다면, 즉 두 지식 사이에 모순이 있다면 그것은 '사실'이 아니라고 말한다.

감각을 통해 자연계를 인식하는 예로 어떤 것이 있을까. 가장 간단한 것으로 이른바 측정을 꼽을 수 있다. 뭔가를 측정한다는 것은 무엇을 말할까. 좀 더 구체적으로는 제3장에서 자세히 언급할 것이므로 여기서는 간단한 경우에 대해서만 생각해보자. 뭔가를 잴 때는 측정하려는 것과 동일한 종류의 것을 사용해야만 한다. 즉 측정 대상과 같은 종류의 일정한 양으로 측정 대상의 양을 비교하는 것이다. 이때 사용한 일정한 양을 단위라고 하며, 측정하려는 대상이 이 단위의 몇 배나 되는지 조사하는 것을 측정이라고 말한다. 물론 '몇 배'라고 해서 항상 정수일 필요는 없다. 소수점 이하 몇 자리가 되어도 무방하다. 그러나 몇 배라고 하는 것은 수식으로 표현되어야 한다. 수식으로 표현된다는 것이 특히 중요하다. 일단 수식이 되면 수학을 활용할 수 있다. 자연현상을 수식으로 나타내고 수학을 통해 지식을 종합해가는 것이 과학의 특징 중 하나다. 역으로 표현해보자면, 자연현상 가운데 수식으로 표현되는 성질을 추출해서 그 성질을 조사하는 것, 과학은 바로 그 방향으로 간다는 말이 될 것이다. 자연현상을 있는 그대로 보는 것만으로는 부족하다. 이 때문에 과학은 다양한 방법을 통해 축적된 수많은 지식을 정리해가는데, 그중 가장 간단한 것이 바로 측정이다. 자연현상을 수식으로 나타내고 그 수식을 통해 해당 지식을 점점 심화시키는 것, 이것이 바로 과학의 기초를 이루는 방법이다.

이 방법에 대해 검토하기 위해 그중 가장 간단한 경우, 즉 '사물의 길이를 측정한다'는 문제에 대해 생각해보자. 만약 어떤 사물의 길이를 측정했을 때, 어떤 단위와 비교해 그의 몇 배나 되는지 수식이 얻어졌다고 치자. 그 측정값이 '사실'인지의 여부를 어떻게 알 수 있을까. 동일한 방법으로 측정했을 때 해당 사물에 대해 누가 측정해도 항상 동일한 측정치가 나온다면 우리는 그 측정값이 '사실'이라고 말할 수 있다. 자연과학에서 가장 기본적이고 단순한 조작이라고 할 수 있는 측정은 몇 번이고 반복할 수 있음을 애당초 가정하고 있는 것이다. 즉 '재현 가능'이라는 원칙을 처음부터 상정했다는 말이 될 것이다.

가장 알기 쉬운 예로 다음과 같은 특수한 경우에 대해 생각해보자. 세상에 자가 딱 하나밖에 없는데, 그 자는 사물의 길이를 한번 재면 더 이상 쓸 수 없는 성질을 가졌다고 치자. 그런 자로 뭔가를 측정한다면 어느 정도의 길이인지, 어느 정도의 양인지, 재어본들 아무런 의미가 없다. 정밀도 부족이나 불확실성 차원의 문제가 아니다. 그런 식으로 측정한 값은 따지고 보면 과학의 대상이 될 수 없다는 이야기다. 과학은 그런 것에 대해 거론하지 않는 학문이다. 왜냐하면 그 측정값이 이치에 맞지 않기 때문이다. 몇 번이든 반복해서 조사할 수 있고, 누가 측정해도 항상 똑같은 값이 나올 경우에만 '사실'이라고 말하기 때문에, '재현 불가능'한 문제는 과학에서 다룰 수 없다.

이렇게 말하면 어떤 분들께서는 단 한 번밖에 일어나지 않는 현상이라도 과학에서 다루어지는 경우가 있다고 말씀하실지 모르겠다. 예를 들어 어떤 종류의 혜성이 이에 해당된다. 혜성 중에는 태양계에 휩쓸려 들어왔다가 그대로 멀리 날아가버리는 것이 있다. 이렇게 한번 날아가면 이후 태양계로는 영원히 돌아오지 않는다. 핼리혜성 같은 것은 가늘고 긴 타원형 궤도를 돌기 때문에 몇십 년이 지나면 되돌아온다. 이 경우에는 정말로 '재현 가능'할 것처럼 보인다. 개중에는 쌍곡선 궤도를 가진 혜성도 있긴 하지만, 이것은 약간 미심쩍은 경우다. 그러나 포물선 궤도를 가진 혜성은 잘 알려져 있다. 포물선 궤도라면 태양계에 들어왔을 때 적어도 한 번은 측정이 가능하다. 하지만 일단 날아가버렸다면 영구히 다시 돌아오지 않는다. 그런 혜성은 매우 많고 각각의 궤도가 모두 다르다. 이 경우 하나의 혜성을 두 번 다시 관측할 수 없어 '재현 가능'하지 않은 것처럼 생각될지도 모른다.

그러나 혜성은 당연히 과학의 대상이 될 한 충분한 자격을 갖추고 있다. 이것은 사실 '재현 가능'한 범주에 들어가는 현상이기 때문이다. '재현 가능'하다고 해도 자로 뭔가를 재는 경우처럼 누구든 당장 재현해보일 수 있다고 생각해서는 안 된다. '재현 가능'이긴 하지만 실제로 반복한다는 것은 거의 불가능하기 때문이다.

현재 다양한 자연과학의 문제들에 대해 수많은 학자들이 온갖 방면에서 연구하고 있으며, 흥미로운 결과들이 속속 발표되고 있다. 그런 것들을 하나하나 동일한 조건에서 똑같이 반복한다는 것은 거의 불가능에 가깝다. 또한 이를 굳이 시도하는 사람도 없다. 연구를 똑바로 해서 이러한 것들을 실험했더니 이러한 결과가 나왔노라고 논문 형식으로 발표한다. 그 논문을 읽었을 때, 읽는 이들은 자신이 그 장치를 사용해 같은 실험을 했다 해도 그런 결과가 나올 거라고 신뢰한다. 그럴 수밖에 없기 때문이다. 이런 식으로 '재현 가능'하다고 신뢰할 수 있는 것이 '재현 가능'한 문제다.

여기서 신뢰한다는 것이 무엇을 뜻하는지 확실히 해둘 필요가 있다. 어떤 사람이 어떤 문제에 대해 얻은 지식이 기존에 가지고 있던 여타 지식과 견줘보았을 때 모순이 없었다고 치자. 모순이 없다면 그것은 분명 그럴 거라고 신뢰할 수 있다. 과학의 세계에서도 신뢰라는 단어가 있는데, 이것은 도덕 분야에서 말하는 신뢰와 다르다. 지식 상호 간에 모순이 없다는 의미이기 때문이다. 가장 이해하기 쉬운 예는 화학 쪽에서 자주 조사되는 희토류 원소(주기율표의 17개 화학 원소의 통칭-역자 주)다. 좀처럼 보기 어려운 원소, 즉 프로메티움이나 홀미움처럼 이름을 들어본 적도 없는 원소가 원소 주기율표에 다수 등장한다. 이 원소들이 실제로 존재할 거라고 생각하지만, 이것들을 전문적으로 다루는 사람은 세계적으로도 극소수에 그칠 것이다. 특수한 예를 빼면 온 세상을 뒤져봐도 이것들을 직접 본 사람을 좀처럼 찾을 수 없다. 대부분의 희토류 원소는 눈으로 볼 수 없기 때문이다. 최근에 거론되는 초우라늄 원소(자연 상태에서 존재하는 원소 중 원자번호가 가장 큰 우라늄의 원자번호 92번을 초과하는 인공 방사성 원소-역자 주) 같은 경우처럼, 원자번호상으로만 분리된 예도 있다. 그런 것들은 실제로 직접 본 사람이 아무도 없지만, 그것이 진짜로 존재한다고 믿어진다. 사람들은 왜 본 적도 없는 것을 믿는 것일까. 그런 것들로부터 얻은 지식이 기존의 지식과 전혀 모순되지 않기 때문이다. 따라서 본인이 이와 똑같은 연구를 했다면 필시 동일한 결과를 얻을 거라고 확신할 수 있다. 요컨대 똑같이 하면 동일한 결과가 나올 거라고 확신할 수 있다는 것이 '재현 가능'의 의미다.

이 시점에서 다시 포물선 궤도의 혜성 이야기로 되돌아

가자. 포물선 궤도를 따라 도는 혜성이 태양계로 진입했을 때 정확하게 그 궤도를 계산할 수 있다. 혜성은 계산대로 움직이다가 태양계로부터 사라져버린다. 계산된 궤도는 정확히 포물선을 그리고 있다. 포물선을 그린다면 당연히 돌아오지 않는다. 포물선은 그런 성질을 가진 곡선이기 때문이다. 따라서 이 혜성은 두 번 다시 돌아오지 않을 거라고 확신할 수 있다. 이럴 경우 해당 혜성은 영원히 관측될 수 없지만, 이것은 '재현 가능'한 문제라고 할 수 있다. 왜냐하면 이것과 100% 동일한 궤도를 가진 또 다른 혜성이 만약 다시 지구에 온다면 이 경우와 같은 궤도를 따라 날아갈 것이며, 결국 두 번 다시 지구로 돌아오지 않을 거라고 확신할 수 있기 때문이다. 즉 동일한 과정을 겪는다면 절대 돌아오지 않는다는 동일한 결과를 확신할 수 있다. 이 예는 이른바 마이너스 확신이다. 하지만 마이너스 확신이든 플러스 확신이든 과학에서는 마찬가지다. 만약 이런 식으로 동일 궤도의 혜성이 다시 온다면 지난번과 똑같은 경과를 나타낼 거라고 확신할 수 있는 것도 넓은 의미에서의 '재현 가능'이다. 과학에서 말하는 '재현 가능'이라는 단어는 이런 의미로 사용된다.

이 점을 좀 더 확실히 하기 위해 유령의 문제에 대해 생각해보자. 유령은 과학의 대상이 될 수 있을까. 이런 질문을 받으면 누구든 일언지하에 부정해버릴 것이다. 실제로 현대 과학에서는 유령을 과학적 대상으로 취급하지 않는다. 그러나 옛날에는 많은 사람들이 유령을 봤다고 말했고, 해당 기록도 제법 존재한다. 물론 심령론을 신봉하는 사람들은 오늘날에도 유령의 존재를 믿으며, 그에 대한 다양한 증거들도 제시하고 있다.

옛날 사람들은 대부분 유령이 실제로 존재한다고 믿었을 것이다. 그렇다면 많은 사람들이 유령을 봤다고 증언했다는 이유로 이것이 '재현 가능'하다고 말할 수 있을까. 적어도 그 시대에서는 과학의 대상이 될 수 있었을까. 아마도 아닐 것이다. 왜냐하면 지금까지 살펴본 것처럼 '재현 가능'하다는 것은 필요한 경우 필요한 수단을 취했을 때 그것을 다시 출현시킬 수 있을 거라고 확신할 수 있어야 하기 때문이다.

유령은 그것을 재현시킬 방법에 대해 확신할 수 없다. 희토류 원소라면 직접 볼 수도 없고 대부분의 사람들은 평생 볼 일이 없겠지만, 오늘날의 과학이 보여주는 학문적이치에 따라 이러이러한 수순을 거치면 볼 수 있다고 확신할 수 있다. 하지만 유령은 아무리 많은 사람들이 봤다고 해도, 어떤 수단을 이용해 어떻게 하면 필요한 순간에 필요한 곳에서 유령을 볼 수 있을지, 혹은 어떤 조건일 때 보일지 확신할 수 없다. 즉 유령은 현대 과학이 자연계에 대해 가지고 있는 인식과 다른 대상이다. 이 때문에 유령은 과학의 대상이 될 수 없다.

지금까지 예로 들었던 혜성의 운동이나 화학 분야의 희토류 원소는 우리들의 일상생활과 상당한 거리가 있다. 하지만 이처럼 생명을 가지지 못한 물질이라면 그나마 이야기가 간단하다. 만약 조금이라도 문제가 복잡해지면 이야기는 더더욱 골치 아파진다. 예를 들어 인체의 생리 현상이나 의학의 경우가 그러하다. 이런 것도 물론 과학이긴 하지만, '재현 가능'이라는 문제가 매우 까다로운 분야다. 예를 들어 어떤 약이 어떤 병에 효과가 있다는 경우만 해도 그렇다. 언뜻 보기에 가장 기본적인 것처럼 보이는 사항이라도 생각해보면 제법 어려운 문제다. 어떤 사람이 어떤 약을 먹고 난 후 병이 나았다고 해서, 해당 약에 효과가 있다는 식으로 간단히 말해버릴 수 없기 때문이다. 약을 먹지 않아도 병이 나았을 수 있다. 하지만 이미 약을 먹어버렸기 때문에, 먹지 않았을 때와 비교가 불가능하다. 그러므로 어떤 약의 효과를 말하기는 쉽지 않은 일이다. 완전히 동일한 체질을 가진 두 사람이 존재해야 하고, 동일한 병에 걸려야 한다. 아울러 한쪽은 약을 먹어 병이 나아야 하고, 한쪽은 먹지 않았기 때문에 병이 낫지 않아야 한다. 이런 경우가 아니라면 그 약이 정말로 효험이 있는 약인지 확인할 길이 없다. 그러나 그런 실험을 해보려고 해도 애당초 완벽히 같은 조건의 두 사람이 있을 수 없기 때문에 확인이 불가능하다. 따라서 우연히 나은 거라고 끝까지 우겨댄다면 이를 반박할 결정적인 근거가 없는 것이다.

그렇다면 열이 있는 어떤 환자가 어떤 약을 먹었더니 열이 내렸다거나, 다음 날 먹지 않았더니 다시 열이 났다거나, 그다음 날 다시 먹었더니 이번엔 열이 내렸다는 식으로 여러 번 반복해서 확인한다면, 해당 약의 효험을 확신해도 좋다고 말할지 모른다. 하지만 환자의 몸은 수시로 변하기 때문에 엄밀히 말해 동일 조건에서 수차례 반복했다고 말할 수 없다. 따라서 '재현 가능'이라는 원칙은 '근사적'으로만 성립된다.

하지만 이 경우 과학은 그것을 다룰 방법을 가지고 있다. 통계라는 방법이다. 가능한 한 조건을 동일하게 하거나 동일한 조건의 대상을 고르지만, 그럼에도 불구하고 결정할 수 없는 조건에 대해서는 그냥 그대로 둔 채, 대신 다수의 자료에 대해 측정해본다. 그런 다음 그 결과를 거시적으로 조망한 후 전반적인 경향을 살핀다. 이것이 이른바 통계적 방법이다. 어떤 환자가 약을 여러 번 복용할 경우, 그 결과는 통계적으로 조사할 수밖에 없다. 먹을 때마다 조금씩 조건이 다르기 때문이다.

그런데 통계에 의해 얻어진 결과는 자료가 많을수록 더 확실해지기 때문에 소수의 결과에서만 뽑아낸 통계적 결론은 거의 의미가 없다. 하지만 그렇다고 한 환자에게 약을 수천 번 먹일 수는 없는 노릇이다.

그렇다면 이 문제를 실제로는 어떤 식으로 다루고 있을까. 비슷비슷한 병에 걸린 수많은 사람들에게 먹여보는 방식을 취하고 있다. 수많은 사람들에게 먹여 만약 100명 중 약 99명의 사람들에게 차도가 있었다면 이것은 분명 효과가 있다고 말해야 한다. 실제로 약효가 있다는 것은 그럴 때 쓰는 말이기도 하다. 한 사람의 인간에게 수없이 반복하는 대신 수많은 인간들에게 동시에 사용했기 때문에, 이 역시 통계적인 방식이라고 할 수 있다. 조금씩 다른 조건에 있는 수많은 대상에게 행한 실험 결과를, 조금씩 다른 조건에 있는 한 사람을 대상으로 반복했던 경우와 동일하게 취급하고 있는 것이다. 이것은 하나의 가정이다. 하지만 이런 가정이 불가능하다면 통계라는 학문은 성립하지 않을 것이다. 기실은 그 가정 위에 만들어진 통계학이 실제로 도움을 주고 있다.

실제로 완벽히 동일한 조건은 있을 수 없기 때문에 넓은 의미에서 과학은 통계의 학문이라고도 할 수 있다. 물론 최근 의학이 무척 진보하고 있기 때문에 약효도 비단 통계적 의미에 그치지 않고 실질적으로 병원균을 확실히 죽이는 경우가 매우 많다고 평가될지도 모른다. 그것은 사실일 것이다. 하지만 어떤 명약이든 정도의 차이가 있겠지만 반드시 부작용이 있을 것이며, 드물게 특이한 체질을 가진 사람도 있다. 그러므로 오차가 매우 적다고는 할 수 있겠지만, 통계적 의미는 여전히 남아 있다.

물론 이것은 생명현상을 다루는 과학의 복잡한 측면에

만 해당되는 이야기는 아니다. 좀 더 간단한 경우, 즉 생명과 무관한 물질과학에서도 항상 염두에 둘 필요가 있다. 그 점에 대해서는 나중에 다시 상세히 언급하기로 하자.

과학이 통계의 학문이라고는 하지만, 모든 법칙에는 예외가 있다. 그리고 과학이 진보한다는 것은 이 예외의 범위를 최대한 축소한다는 뜻이다. 동시에 과학은 이 예외들이 영향을 덜 끼치는 방면으로 진보해간다. '재현 가능'의 원칙이 비슷하게라도 적용되지 않는 방면은 과학에는 적합하지 않은 쪽이다. 물론 이것은 현대 과학을 대상으로 한 이야기다.

이상과 같은 시각에 서면, 예를 들어 인생론 같은 경우는 물론 과학이 취급할 대상이 아니다. 또한 인간의 자의식 문제에 자연과학적 사고방식을 도입하는 것도 그다지 유용할 것 같지 않은 사고방식으로 간주된다. 자의식은 개인의 고유한 문제이기 때문이다. 다수의 인간들의 전체적 사고방식을 조사하기 위해서는 과학이 유용할 수 있다. 예를 들어 경제학 등에도 과학은 도입될 수 있다. 그러나 전반적 경향에서 벗어난 단 하나의 예의 경우, 그것이 설령 매우 드물게 거의 오차 범위 내라고 하더라도, 그 예의 입장에서는 오차가 아닌 것이다. 99.9%까지 완전히 적용할 수 있는 경우라도, 그 남은 0.1%에 속한 사람들에게는 입장을 바꿔놓고 보면 100%의 오차나 마찬가지다.

문제의 종류에 따라 좀 더 간단한 자연현상이라도 과학이 다룰 수 없는 문제가 있다. 이것은 과학이 무력해서가 아니라 과학이 다루기에 부적절한 문제이기 때문이다. 자연과학은 자연의 모든 것을 알고 있는, 혹은 알아야 하는 학문이 아니다. 자연현상 중 과학이 다룰 수 있는 측면만 추출해서 그 측면에 적용하는 학문이다. 그런 사실을 숙지하고 있으면 이른바 과학 만능의 사고방식에 빠질 우려도 적어진다. 과학에 대해 잘 모르는 사람이 오히려 과학의 힘을 과대평가하는 경향이 있다. 과학의 한계에 대해 잘 모르기 때문일 것이다.

하나의 예를 들어보자. 천재지변이나 각종 사건사고 등의 문제도 과학만으로는 도저히 해결할 수 없다. 운석에 맞아 죽었다는 사람에 대한 기록은 아직 없으나, 종종 운석이 지면에 떨어진다는 사실은 분명하다. 그러므로 향후 운석에 맞아 죽는 사람이 있을 거라고 해도 전혀 이상하지 않다. 운석은 유성이다. 장차 유성 연구에 아무리 진전이 있더라도 운석에 맞아 죽을 가능성을 완벽히 차단할 수는 없다. 불시에 엄습하는 재해는 그 피해를 당하기 전까지 피해자 입장에서 결코 재현되지 않는 일이다. 그러나 그 현상 자체는 자연현상이기에 과학의 대상이 되어야 마땅하다.

예를 들어 산사태라든가 홍수는 분명 과학의 대상이 될 수 있는 자연현상이다. 문제는 완벽히 동일한 산사태가 두 번 다시 일어나지 않는다는 사실이다. 지반이 어떤 조건에 이르면 산사태가 일어날 수 있는지 과학을 통해 알 수 있다. 산사태는 완벽히 동일한 형태로 다시 일어나지 않지만, 과학적 지식으로 유추할 수 있는 사항은 결코 적지 않다. 예를 들어 지반의 성질을 미리 파악해 어느 정도 약해지거나 어느 정도의 비가 내려 지하에 얼마만큼 물이 침투하면 허물어질 수 있는지 따져볼 수 있다. 그런 의미에서 자연과학의 대상이 될 수 있다. 그러나 이것은 허물어질 만한 조건이 된다는 사실을 말해주는 영역에 그친다. 아주 드물게 무너져 내리지 않을 수도 있기 때문이다. 즉 통계적 의미만 존재한다.

산사태가 발생해 인부들이 죽는 바람에 종종 과학적 지

식의 부재에 대한 비난이 쏟아지지만, 이것은 결코 쉽지 않은 문제다. 예를 들어 대학에서 지반이나 지질에 대해 깊이 연구한 사람, 혹은 하천학 권위자라고 일컬어지는 학자가 해당 장소에 있었다면 그런 사고를 당할 걱정이 전혀 없었을까. 꼭 그렇다고 단정할 수 없다. 예상할 수 없는 문제에 대해 과학은 의외로 무력하기 때문이다.

하지만 과학이 가져올 수 있는 효과는 예상 불가한 문제에 대해서도 해당 범위를 점점 좁혀간다는 점에 있다. 그런 의미에서는 매우 강력하다. 과학의 힘으로 재해를 감소시킬 수는 있지만, 항상 통계적 관념을 염두에 둘 필요가 있다. 즉 산사태가 일어날 수 있는 조건이 되었을 때는 하던 일을 멈추고 피난을 간다. 물론 산사태가 일어나지 않을 수도 있지만, 그렇다고 과학을 비난해서는 안 된다. 과학의 힘은 통계적 측면에서 발휘된다. 실제로 어떤 사건에 맞닥뜨렸을 때, 앞서 언급했던 예로 들자면 1만 명 중 9,999명은 완치됐지만 딱 한 사람만 죽었을 경우라면 오차는 무척 작다고 할 수 있다. 하지만 해당 오차 안에 든 당사자 입장에서 과학은 완전히 무용지물이다. 태풍 때문에 산사태가 일어났는데 비계공(건축이나 토목 작업에서 비계를 전문적으로 설치하는 사람-역자 주) 중에서 자신의 인생 체험을 통해 습득한 '근육으로 익혀둔 지혜'로 위기를 모면했다는 사람들이 종종 있다. 이런 경우 머릿속에 넣어둔 지식은 별로 도움이 되지 않는다. 이는 과학의 본질에 기인하기 때문에 어찌 보면 당연한 일이다. 과학은 전체적으로 생각할 때는 무척 유용하다. 예를 들어 홍수라면 홍수 전체의 문제를 끄집어내서 그에 대해 어떤 대책을 세울 때는 효과적이다. 즉 다수의 예에 대해 전반적으로 생각해볼 때, 과학은 무척이나 강력하다. 그러나 전체 중 개인의 문제, 혹은 예상되지 않았던 일이 딱 한 번 일어난 경우에는 의외로 무력하다. 하지만 이는 어쩔 수 없는 일이기도 하다. 과학이란 애당초 그런 성질을 가진 학문이기 때문이다.

세상에는 과학자들에게 회의적인 시선을 보내는 사람들이 있다. 예를 들어 배가 가라앉거나 홍수가 일어나는 대형 사고가 발생했을 때, 꼭 일이 터진 다음 나와 그 원인에 대해 조목조목 따질 뿐이라는 것이다. 그러나 그런 과학자들이 설령 해당 현장에 있었다고 해도 결과는 마찬가지였을 것이다. 기상경보를 무시하거나 기본적인 홍수 대책을 실시하지 않는 행위 등은 과학 이전의 문제이므로 논외라고 할 수 있다. 본질적인 문제로 그런 비난은 어느 정도 인정할 수 있다. 하지만 그런 이유로 과학을 비하할 필요는 전혀 없다. 과학에는 애당초 한계가 있기 때문이다. 과학이란 넓은 의미에서 '재현 가능'한 현상을 자연계로부터 뽑아내서 그것을 통계적으로 규명해가는 학문이다.

제2장
과학의 본질

제1장에서 설명한 대로 과학에는 한계가 있으며, 과학은 자연현상 가운데 추출된 '재현 가능'한 현상을 대상으로 하는 학문이다. 그렇다면 어떤 범위 안에서 완성돼온 현대 과학의 본질이란 과연 무엇일까. 과학의 본질로 보통 언급되는 것은 '자연계에 있는 물질의 실체와 그 사이에 존재하는 법칙에 대해 그 진정한 모습을 규명하는 것'이다. 그렇다면 진정한 모습이란 무엇일까. 자연계를 통해 얻어진 다양한 지식이 상호 모순되지 않고 '재현 가능'하다고 확신될 경우 그것을 '사실'이라고 말하며 진정한 모습으로 간주한다. 이런 식으로 말하면 매우 이해하기 쉬운 것처럼 보인다. 하지만 이런 표현은 자칫 오해를 부를 소지가 있다. 우선 '물질' 그 자체의 문제, 독일어로 Ding an sich(물자체物自體, 칸트가 사용한 철학 용어로 인간의 의식 밖에 독립적으로 존재하며 지각과 사유를 통해 인식에 주어지는 방식과 구별되는 그 자체로서의 사물 또는 객관적 실재-역자 주)라고 일컬어지는 문제가 있다. 과거 철학 분야에서는 인간에게서 벗어나 자연계에 과연 '물질'이란 것이 존재할 수 있는지 열띤 논의가 행해진 적이 있었다. 인간의 감각을 통해야만 비로소 '물질'이 존재하기 때문에, 감각에서 벗어난 상태에서 과

연 '물질'이 존재할 수 있는지 의문이라는 것이었다. 이런 종류의 논의는 결국 논의만으로 끝나버리는 경우가 많다.

과학은 그런 논의를 외면하고 가장 오래전의 소박한 실재론으로 회귀한 시점에서 출발했다. 인간이 전혀 없다고 해도 '물질'은 자연계에 그대로 존재한다는 형태로 현대 과학은 진보했던 것이다. 그러나 '물질'이 자연계에 그대로 존재한다는 것은 표현상의 기교에 불과한 측면도 있어서 이 문제는 그리 간단히 말할 수 있는 성질의 것이 아니다. 이런 식으로 표현해버리면, '물질'이든 법칙이든 그 실체나 진정한 형상이 자연계에서 인간이 다양한 조사를 통해 그런 것들을 발견해낸다는 식으로 간주되기 십상이다. 마치 보물찾기 같은 느낌을 줄 우려가 있는 것이다. '물질'의 실체나 법칙이 땅속에 매장되어 있어서 그걸 파내기만 하면 발견할 수 있을 거라고 생각될 소지가 다분하다. 하지만 이 문제는 그리 간단하지 않다. 오히려 이 점에 바로 과학의 본질적 문제가 존재한다.

과학의 세계에서는 '자연현상', '자연의 실체', 혹은 '그 사이의 법칙'이라는 단어가 사용된다. 이런 것들은 모두 '인간이 발견하는 것'이다. 바로 이 점이 중요한 사항이다.

실체를 발견했다고 해도, 그것은 과학이 발견한 자연의 실체다. 따라서 그것은 과학적 눈을 통해 바라본 자연의 실체인 것이다. 자연은 어쩌면 이와 다를지도 모른다. 아마 매우 다를 것이다. 하지만 인간이 뭔가를 보려면 인간의 눈을 통해 볼 수밖에 없는 것처럼, 과학이 자연을 보기 위해서는 과학의 눈을 통해 볼 수밖에 없다. 다르게 표현해 보자면, 현대 과학에서 사용되고 있는 다양한 사고방식, 즉 과학의 사고 형식을 통해 자연을 인식하고 그 바탕 위에 서서 과학이 구축되고 있다. 사고 형식으로는 사물을 분석하거나 그것을 통합하거나, 혹은 인과율에 따라 순서를 매기는 방식이 있다. 그리고 통계의 결과를 볼 때는 분명함, 즉 확률probability이란 시각에 의해 결과를 판단한다.

여기서 말하는 인과율은 사고 형식으로서의 인과율을 말한다. 사물을 원인과 결과의 계열로 본다는 것을 뜻한다. 날씨가 나쁠 때 단순히 비가 내린다는 것을 확인하고 끝내버리면 학문은 성립되지 않는다. 비가 왜 내리는지 그 원인에 대해 천착해봄으로써 기상학이라는 학문이 태어나는 것이다. 특히 원자 이하의 미시적 세계를 다루는 양자역학量子力學, quantum mechanics의 경우, 원자의 세계에서는 인과율이 적용되지 않는다는 이야기가 있는데, 그것은 여기서 말하는 사고 형식으로서의 인과율과는 의미가 조금 다르다. 인과율이라고 하면 어떤 원인과 직결된 결과가 있다는 식으로 파악되기 쉽지만, 결국 원인도 결과도 없다. 그저 인간이 어떤 현상들이 이어지는 것을 원인과 결과로 생각해서 순서를 매기는 것에 지나지 않는다.

아주 오래전 영국의 한 철학자가 든 예로 설명해보자. 예를 들어 막대기로 머리를 때리거나 바늘로 손을 찔렀을 때, 누구든 아프다고 느낄 것이다. 이때 보통은 아픈 것이 결과이며, 바늘로 손을 찌른 것이 원인이라고 파악된다. 그러나 바늘로 찔렀기 때문이 아니라 바늘에 찔린 손의 신경에 자극이 갔기 때문에 아픈 것이다. 그러나 이 역시 원인이 아니다. 신경에 전달된 자극이 뇌로 전달되었기 때문에 아픈 거라고 생각하는 편이 훨씬 더 낫다. 하지만 뇌로 전달된 것이 정말로 원인일까? 어쩌면 아닐지도 모른다. 뇌로 전달된 후 뇌세포가 어떤 자극을 받았던 것이 원인일 수도 있기 때문이다. 그러나 사실 아프다고 느끼는 것은 뇌세포가 이런 자극을 받았다는 것 그 자체다. 그렇다면 원인도 결과도 없는 것이 된다. 이런 논의가 철학상 중요한 문제로 다뤄지던 시절도 있었다. 그런 의미에서 분명 원인도 결과도 없는 것이 될 것이다. 그러나 원인과 결과가 각각 별개로 존재하는 것이 아니라, 앞서 예로 들었던 것처럼 자연계에서 일어나고 있는 다양한 현상의 궁극적 원인을 찾아가려는 각각의 프로세스 그 자체가 사고 형식으로서의 인과율이다. 이런 식으로 원인과 결과에 대해 천착해 사고한다는 것이 과학적 시각 중 하나인 것이다.

이처럼 다양한 시각을 통해 자연현상을 바라봄으로써 얻어진 인식이 과학에서 말하는 자연의 실체다. 무척 소박한 예를 들어보면, 우리가 하늘을 올려다봤다고 치자. 하늘에는 기본적으로 특정한 형태가 없지만, 사각형 창문을 통해 보면 하늘은 사각형으로 보인다. 그러나 만약 동그란 창문을 통해 보면 하늘은 동그랗게 보일 것이다. 이런 사고방식은 칸트의 순수이성비판의 사고방식에서 전혀 앞으로 나아가지 못하고 있다. 하지만 적어도 현대 과학은 이런 사고방식을 통해 발전해왔다. 현재의 과학적 사고 형식 이외의 시각으로 자연을 올려다보면, 그 시각으로 본 또 다른 자연의 실체가 보일 것이다. 그것이 현대 과학이 포착하고 있는 자연의 실체와 동떨어져 있다 해도 전혀 이상하지 않다. 우리들은 현재 자연과학에 의해 자연의 실체를 탐구하고 있다고 자부하지만, 실은 자연의 실체를 인위적으로 만들어내고 있는 것이다.

이런 식으로 생각해보면 자연계에는 애당초 고정된 실체가 어딘가에 감춰져 있는 것이 아님을 이해할 수 있다. 인간이 과학에 의해 그것을 탐구해가다가, 그 과정이 성공적이어야만 비로소 발견할 수 있는 성질의 것이 아니다. 이런 의미에서 과학이 발견한 것의 실체나 법칙은 인간과 자연의 공동 작품이라고 할 수 있다. 인간이 과학적 시각으로 검토해가는 과정을 통해 차츰 자연의 실체가 무엇인지 규명해가는 과정이기 때문이다. 즉 함께 만들어가는 하나의 작품인 것이다. 그러나 이 경우의 완성의 의미는 예술가가 조각을 만든다거나 화가가 그림을 그리는 경우와는 전혀 다르다.

과학이 자연에 대한 인식을 만드는 것과 예술가가 작품을 창작하는 것은 어떤 점이 서로 다를까. 실은 양자 사이에 확연한 구별이 있다. 우선 만든 것을 평가할 때의 잣대가 다르다. 과학의 경우 평가 잣대는 그것이 '사실'인지 아닌지의 여부에 달려 있다. 그것이 사실인지를 측정하는 잣대 자체는 무엇일까. 그것은 그 시점에서 그때까지 축적된 과학적 지식의 집적이다. 그 잣대에 견주어 자연을 바라보는 것이다. 이때 보는 것 자체는 그 시점에서 사용되는 다양한 과학적 사고 형식을 통해 이루어진다. 그런 식으로 자연계를 규명해낸 것이 과학 그 자체인 것이다. 따라서 과학의 본질은 인간과 자연이 협력해 만든 공동 작품이라는 점에 있다.

이런 설명은 기존에도 종종 언급되고 있었지만, 뭔가 이해할 수 있을 것 같으면서도 이해하기 어렵다고 느끼는 분도 많을 것이다. 이 때문에 이하에서 실례를 들어 이 이야기에 대한 보조설명을 해보기로 하겠다. 오해나 지레짐작을 하는 경우가 자주 있기에 그런 점들부터 설명해보자. 우선 종종 언급되고 있는 말, 즉 과학이 진보함에 따라 자연의 실체가 점차 깊이 있게 이해된다는 표현에 대해서다. 과학이 진보하면서 측정의 정밀도가 높아져 기존에는 분자밖에 몰랐던 사람이 원자에 대해서도 알게 되었다가 나중에는 소립자의 존재까지 알게 되었다는 시각이다. 이것은 맞는 말이긴 하지만, 이런 식으로 점점 정밀도가 높아진다는 점만이 자연의 실체를 규명하는 것은 아니다.

문제는 좀 더 근본적인 부분에 존재한다.

그에 대해 가장 좋은 예는 아이작 뉴턴Isaac Newton(1642~1727)의 만유인력과 알베르트 아인슈타인Albert Einstein(1879~1955)의 상대성이론의 대비다. 뉴턴이 만유인력을 발견한 것은 현대 과학의 기초가 되었다. 그 법칙은 역제곱 법칙 Inverse Square Law(물리량은 근원에서의 거리 제곱에 반비례한다는 법칙-역자 주)이라고도 불린다. 태양과 지구 사이에는 서로 잡아당기는 힘이 존재하기 때문에 지구는 우주로 튕겨나가지 않고 태양 주변을 마냥 돌고 있다. 해당 인력은 태양의 질량과 지구 질량과의 곱에 비례하고, 둘 사이의 거리의 제곱에 반비례하는 힘이다. 물론 이런 인력은 태양과 지구 사이에만 존재하는 것이 아니라 다른 태양계 행성 간에도 존재한다. 이것을 뉴턴이 새로 발견했다고 생각하는 사람들도 상당하지만, 이 정도라면 뉴턴 이전에도 이미 잘 알려져 있던 사실이다. 그러나 뉴턴은 이 인력은 천체 간만이 아니라 모든 물질 사이에 작용한다고 생각했다. 따라서 지구상의 온갖 물질 간에도 상호 이런 인력이 존재하는데, 이것은 너무 약해서 그 당시의 기계로는 측정이 불가능하지만, 지구와 지구 위에 존재하는 물체 사이에는 우리가 인지할 수 있을 정도의 인력이 존재하는데, 그것이 바로 중력이라고 생각했던 것이다. 뉴턴처럼 생각한다면 사과가 떨어지는 힘, 즉 지구가 사과에 미치고 있는 힘과 달이 지구 주변을 돌게 하기 위해 지구가 달에 미치고 있는 인력은 동일한 것이 된다. 그 때문에 지구 위로 물체가 떨어질 때의 가속도를 통해 달이 지구를 일주하는 주기를 계산해보았더니 그것이 실제의 달의 주기와 일치했던 것이다. 이리하여 지구상의 물체든 천체든, 즉 모든 물질에는 상호 간의 역제곱 법칙에 따른 인력이 존재한다는 사실이 증명되었다. 이 힘을 만유인력이라 부르게 된 까닭이 여기에 있다.

만유인력의 법칙은 무척 정확하다. 이 법칙에 따라 계산해보니 많은 별들의 운동이 모조리 설명되었다. 일식이나 월식도 정확히 예측할 수 있게 되었다. 만유인력에 따라 계산을 해본 뒤 해왕성의 존재를 예언했는데, 나중에 해왕성이 실제로 발견되기도 했다. 이 때문에 만유인력의 법칙이 무척 유력한 법칙이 되었던 것이다. 하지만 이것은 생각해보면 참으로 이상한 일이라고 말할 수도 있다. 태양이 지구를 잡아당긴다고 하는데, 과연 무엇으로 잡아당긴다는 말인가. 태양에서 지구까지 새끼줄이 이어져 있는 것도 아니다. 그 사이의 대부분의 공간에는 공기도 없다. 완벽한 진공상태다. 그래서 태양이 지구를 잡아당길 경우, 완벽히 멀리 떨어진 대상에게 힘을 미친다는 말이 된다. 인간 사회라면 충분히 가능하다. 눈으로 노려봐서 다른 사람을 꼼짝 못 하게 하는 경우도 그런 예일 것이다. 그렇다면 만유인력이란 자연계에서 태양이 지구를 노려봐서 꼼짝 못 하게 만든다는 소리일까. 생각해보면 아무런 뭐가 없는데도 잡아당기고 있다는 것은 참으로 희한한 노릇이라고 할 수 있다. 뉴턴 본인도 이 문제로 무척 고민해서 만년에는 신경쇠약 기미까지 보였다고 한다. 아울러 이 문제는 현재까지 여전히 해결되지 않고 있다.

하지만 이것은 비단 만유인력의 경우만이 아니다. 전기나 자기의 경우에도 사정은 똑같다. 전기의 경우, 두 대전체帶電體(electrified body·물체가 어떤 원인에 의하여 음전하 또는 양전하의 양이 우세해지면 우세한 쪽의 전기적 성질을 띠게 되는데, 이를 대전이라 하며 대전된 물체를 대전체라 함-역자 주)가 서로를 잡아당기거나 반발한다는 것은 이과 과정에 들어가자마자 배운 바 있다. 두 대전체 사이에 에보나이트ebonite(생고무에 유황을 넣어

서 만든 단단한 물질. 전기 기구의 절연체 등으로 사용-역자 주)나 유리

판이 있다 해도, 그에 상관없이 힘이 미친다. 그 사이가 진

공일 경우도 마찬가지다. 진공을 통해 서로에게 힘을 가

하는 것이다. 생각해보면 이것도 참으로 희한한 일이다.

아인슈타인이 물리학에 뜻을 두었던 것은, 어린 시절 보았

던 자석과 자력의 힘에 대해 매우 불가사의하게 생각했던

것이 동기가 되었다는 전설이 있다.

사이에 아무것도 없는데 왜 이렇게 서로 잡아당기는 것

일까. 이것은 천 년에 걸친 수수께끼라고 할 수 있다. 하

지만 어떤 이유 때문인지는 몰라도, 그런 힘이 분명 존재

한다는 것은 사실이다. 그리고 그 힘에 따라 일식이 일어

나는 시각이 10분의 1초에 가까운 정확도로 계산되고 있

으며, 실제로 거의 그 계산대로 일식이 발생한다. 그런 힘

이 존재한다는 것은 틀림없는 사실이다. 이 문제는 이른

바 원격작용과 근접작용의 논의로 발전해 전기 쪽에서 무

척 눈부신 성과를 거두었다. 원격작용이란 지금까지 언급

한 힘에 대한 설명이다. 전기든 만유인력이든 중간에 서

로를 끌어당길 매개체가 없음에도 불구하고, 멀리 떨어져

있는 존재에게 그 힘이 전달된다. 이런 종류의 힘을 원격

작용이라고 한다. 그에 반해 보통의 힘, 예를 들어 줄다리기를 할 경우 그 힘이 줄의 한 점에 작용하게 되면, 그것이 바로 근접해 있는 다음 점, 그다음을 잡아당긴다는 식으로 바로 근접한 곳으로 전달된다. 이런 경우를 근접작용이라 부른다.

원격작용과 근접작용은 전기에서 가장 큰 대조를 보이고 있다. 마이클 패러데이Michael Faraday(1791~1867·영국의 화학자이자 물리학자. 전자유도의 법칙, 전기분해의 패러데이 법칙, 패러데이 효과 및 반자성 성질 등을 발견하였고 전자기 현상을 매질에 의한 근접작용이라 하여 자기장의 개념을 도입함-역자 주) 이전에는 여러 위대한 학자들, 과학사에 길이 남을 만한 대학자들이 모두 쿨롱의 법칙Coulomb's law(두 대전된 입자 사이에 작용하는 정전기적 인력이 두 전하의 곱에 비례하고, 두 입자 사이의 거리의 제곱에 반비례한다는 법칙. 역제곱 법칙의 하나로 샤를 드 쿨롱이 발견함-역자 주)을 토대로 전기에 대한 학문을 구축했다. 쿨롱의 법칙은 만유인력의 법칙과 완전히 동일한 형태로 두 대전체 사이에는 두 전기량의 곱에 정비례하고 거리의 제곱에 반비례하는 힘이 존재한다고 파악한다. 이 경우도 매체가 될 만한 것이 전혀 없는데 상대측에 힘을 미칠 수 있다. 즉 원격작용의 논의를 하고 있었던 것이다. 이 사고방식에 따르면 전기는 대전체에 존재한다는 말이 된다. 물론 대전체라는 단어 자체가 전기를 띠고 있는 물체라는 의미이니, 당연할 것이다. 예를 들어 여기에 금속으로 된 구슬이 하나 있는데 그것이 전기를 띠고 있다. 또 하나의 금속 구슬이 있는데 그것도 전기를 띠고 있다. 이 두 금속 구슬 사이에 서로 잡아당기거나 반발하는 힘이 원격작용으로 작용한다고 생각하는 것이다. 사실 두 대전체를 서로 가까이 대어보면 그런 힘이 실제로 존재한다. 그래서 금속 구슬은 '전기를 띠고 있다'는 것을 알 수 있는 것이다. 다른 실험에서 전기는 금속 내부에 없다는 사실이 알려졌다. 그렇다면 전기는 금속 표면에 존재한다는 말이 된다. 즉 눈에 보이지는 않지만 전기라는 것이 금속 표면에 살고 있다는 것이므로 그런 것들끼리 상호작용하고 있다는 식으로 생각하게 되었던 것이다. 이것이 전기를 원격작용으로 생각한다는 것이다.

그러나 패러데이는 이에 의문을 품었다. 매개체가 될 만한 것이 전혀 없는데도 상대편에 힘이 전달되는 것은 이상하므로 분명 뭔가가 있을 거라는 말이다. 그런데 이 작용은 진공 속에서 전달되기 때문에 매개체가 있다면 그것

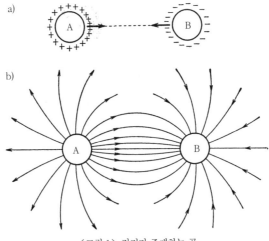

〈그림 1〉 전기가 존재하는 곳
a) 쿨롱의 법칙, b) 패러데이식 사고방식

은 진공 그 자체라는 말이 될 것이다. 한편 진공이란 우리
들이 실제로 살고 있는 이 세계에서 공기를 제거한 것일
뿐, 전혀 아무것도 없다는 말은 아니다. 공기가 없다는 의
미에서의 진공일 뿐이다. 따라서 이 진공상태가 어떤 종
류의 에너지를 담아둘 수 있는 공간이라고 파악해도 전혀
이상하지 않다. 그래서 패러데이는 전기가 있다는 것을
공간이 일그러지는 것으로 생각했던 것이다. 그렇다면 전
기의 실체는 공간의 뒤틀림이라는 말이 될 것이다. 애당

초 대전체라는 단어 자체가 이상하므로 어떤 물체 표면에 전기가 있는 것이 아니라, 전기는 구슬과 구슬 사이의 공간에 있다고 생각했다(<그림 1> 참조). 이런 사고방식에 입각하면 공간이 뒤틀어지면 근접해 있는 바로 옆 점들로 계속해서 그 출렁임이 전달되어간다. 이렇게 되면 전기의 작용은 근접작용이론으로 설명이 가능해진다.

물론 진공상태의 뒤틀림은 육안으로 확인할 수 없고 사진 촬영도 불가능하다. 인간의 감각기관으로는 인식할 수 없다. 그렇다면 뒤틀린다 해도 그 형태나 양을 파악할 수단이 없다는 말이 된다. 실제로 실험이 가능한 것은 두 대전체 사이에 작용하는, 쿨롱의 법칙에 따르는 힘이다. 이것은 실제로 측정할 수 있다. 그래서 진공상태의 뒤틀림은 실측 가능한 힘에 따라 판단하는 것이다. 그렇다면 애초에 원격작용이론을 인정하고 쿨롱의 법칙을 채택하면 좋았지 않느냐는 생각이 들지도 모르겠다. 하지만 근접작용이론을 적용하면 전파의 전달이라는 새로운 이론이 가능하기 때문에 그 점에서는 근접작용이론이 탁월한 것이다. 이 점에 대해서는 나중에 다시 이야기를 하도록 하자.

패러데이 이후 사고방식이 완전히 전환되었다. 패러데

이 이전까지 전기는 금속 표면에 있는 것으로 간주되었다. 즉 금속체란 전기를 넣는 창고로 생각되고 있었다. 하지만 패러데이 이후 금속체는 창고가 아니라 창고의 벽이 되었다. 전기의 실체는 공간 자체에 존재하는 것이다. 그러나 그 후 헨드릭 로렌츠Hendrik Antoon Lorentz(네덜란드 물리학자. 전자기복사 이론으로 1902년 제만과 함께 노벨 물리학상을 받았으며, 이는 아인슈타인의 특수상대성이론의 탄생에 결정적으로 기여함-역자 주) 등의 전자론, 이른바 고전전자론이 나오자 전기에서 가장 본질적인 기본은 전자라는 존재로 파악되었다. 이 이론의 근본은 패러데이와 마찬가지로 전기를 공간의 뒤틀림이라고 파악하고 있다. 이 뒤틀림에 전자 같은 단위가 있다는 것은 뒤틀림에 특이점이 있다는 말이다. 그 이유가 바로 전자 때문이라는 것이다. 그러나 이론이나 실험을 추진해가기 위해서는 전자라는 극히 작은 구슬이 있고, 그것이 공간을 달리거나 진동하고 있다는 식으로 생각하는 편이 편리하기 때문에 결국 전자라고 하는 작은 입자를 생각해내게 되었다. 그리고 많은 학자들이 그 중량이나 대전량, 혹은 크기 따위를 가늠해왔다. 사실상 또다시 원격작용이론으로 회귀한 것이다. 전자를 전기를 띤 입자로 파악하는 사고방식은 그 후 크게 발전해 새롭게 발견된 다양한 전기 현상을 설명하는 데 유효했다. 그리하여 이른바 고전적 원자 구조론이 완성되었다. 오늘날 눈부신 발전을 거둔 원자론은 바로 여기서 출발했던 것이다.

그런데 그 후 전자에는 파동과 같은 성질도 있다는 사실이 실험을 통해 확인되어 무척 난감한 상황이 되었다. 한편으로는 분명 입자로 보이는 성질도 있기 때문에 결국 전자는 동그란 구슬이자 동시에 파동인 것으로 파악되었다. 이는 새로운 사실이었기 때문에 한동안 매우 당황스러웠을 것이다. 그리고 그 후 현재의 양자역학에 이르자, 전자의 실체란 바야흐로 존재하지 않는 양상이 되어버렸다. 전자란 야구공을 매우 작게 축소시킨 형태의 입자도 아니며 그렇다고 파동도 아니다. 동그란 입자로서의 성격을 지닌 동시에 파동과 같은 성질도 보이는, 하나의 수식 그 자체가 되었다. 물론 그 수식에 따라 전자가 활동한다는 의미지만 실체를 파악할 수 없는 이상, 그 수식을 전자라고 해도 무방한 것이다.

전기라는 문제 하나만 봐도 이렇게 사고방식이 끊임없이 변하고 있다. 심지어 그것은 상당히 본질적인 변화이며, 그렇다고 점점 구체적이 되는 것도 아니다. 이런 본질적 변화가 과학적 사고방식 안에 지속적으로 등장한다는 것은 어떤 의미에서 다소 의아하다. 자연의 실체를 조금씩 규명해간다는 것에 대해 생각해보자. 기존에는 몸통밖에 몰랐는데 이번에는 손에 대해 알게 되었고 다음에는 손가락까지 이해된다는 식이라면, 이런 본질적인 변화는 보이지 않을 것이다. 하지만 본질적 변화가 실제로 항상 있는 것이 바로 과학의 본질이다. 과학적 진리라는 표현 자체가 오해되기 쉬운 부분이다.

아인슈타인의 상대성이론이 등장해 뉴턴 역학이 뒤집혔다는 기사가 신문이나 잡지에 자주 보이는 경우가 있다. 그런 식으로 표현한다면 뉴턴 역학이 완전히 잘못된 것이며, 아인슈타인의 상대성이론에 의한 역학이야말로 정답일 것 같은 인상을 받는다. 아인슈타인의 상대성이론과 뉴턴 역학과의 관계는 전기의 경우와 병행시켜 생각해보면 잘 이해할 수 있다. 결국 원격작용과 근접작용의 대조라는 말이다. 패러데이는 전기의 원격작용을 부정하고 근접작용의 이론을 만들어 공간의 뒤틀림을 전기라고 파악했다. 아인슈타인의 상대성이론에 의한 중력 이론은 패러데이의 전기 이론과 일맥상통한다. 즉 뉴턴 역학에서는 만유인력을 원격작용으로 파악했지만, 아인슈타인은 근접작용을 채택해 중력을 공간의 뒤틀림이라고 간주했던 것이다.

그러나 패러데이 이전의 다양한 전기 현상이든 패러네이 이후의 전기 현상이든, 실제 현상에 전혀 차이가 없다. 결국 전기는 어디에 있어도 상관없기 때문에 진공 안이든 금속 표면이든 어차피 눈에 보이지도 않고 손에 잡히지도 않는 존재다. 그러나 어느 쪽 이론이 더욱 폭넓게 자연 현상을 설명하는 데 유효한지가 문제인 것이다. 상대성이론도 좋고 뉴턴 역학이어도 상관없다. 하지만 뉴턴 역학으로는 설명할 수 없었던 자잘한 것, 예를 들어 수성 궤도의 극히 약간의 변동이라든가 중력장에 의한 광선의 만곡 같은 현상이 아인슈타인의 상대성이론으로는 해명이 가능했다. 그런 점에서 상대성이론이 탁월한 것이다. 그렇다면 뉴턴 역학은 완전히 오류이며 아인슈타인의 이론만이 진실일까. 결코 그렇지 않다. 만약 그렇다면 아인슈타인의 이른바 상대성이론으로도 여전히 풀리지 않는 문제가 많기 때문에 그다음에 뭔가 새로운 이론이 나올 거라고

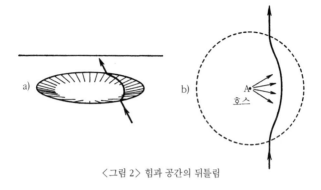

〈그림 2〉 힘과 공간의 뒤틀림

생각해야 한다. 그때는 다시 아인슈타인의 이론은 오류가
있는 것이 된다. 아인슈타인 자신이 만년에 통일장이론에
심혈을 기울였던 것은 그다음 단계로 나아가려는 노력이
었다.

이에 대해 미국의 학자가 훌륭한 설명을 하고 있다.
〈그림 2〉의 a)와 같은 절구형 크레이터crater를 여행자
가 가로지를 때, 주변을 빙 돌아가기에는 너무 멀고 직진
하자니 오르막과 내리막이 많아 지친다. 그래서 경사면의
중간 허리 부분을 가로질러 간다. 그것을 바로 위에서 내
려다보면, 처음에는 직진하던 여행자가 A지점 가까운 곳
에서만 그림 b)처럼 조금 굽은 형태로 나아가고, 나중에

는 다시 직진하는 것처럼 보인다. 이 경우 바로 위에서만 볼 수 있다는 조건 아래 이 현상을 설명하자면 두 가지 설명이 가능하다. 하나는 절구형 크레이터가 있었다는 것이고, 나머지 하나는 A지점에 사람이 있고 호스로 물을 뿌리기에 그것을 피해 지나갔다는 것이다. 그중 이느 쪽인지는 바로 위에서 본 것만으로는 파악이 어렵다. 호스는 Force(힘)를 익살스럽게 표현한 것이다.

이상의 이야기를 정리해보면 다음과 같다. 과학이 자연의 실체를 다양한 방법으로 살피는 동안 어떤 법칙을 새롭게 발견했다고 하자. 새롭게 발견한 법칙이 기존 법칙보다 좀 더 폭넓은 범위에 걸쳐 특정 현상을 설명하는 데 유익하고 새로운 연구의 실마리가 될 수 있다면 그것은 훌륭한 법칙이다. 그렇다고 기존의 법칙은 엉터리에 불과하고 이번에야말로 진짜가 나왔다는 말은 아니다. 만약 그렇다면 지금 진짜라고 파악된 것도 새로운 법칙이 발견된다면 가짜가 될 거라는 말이 된다. 진짜가 가짜로 바뀐다는 것은 도무지 해괴한 노릇이다. 이것은 그런 차원의 이야기가 아니다. 자연현상은 매우 복잡하다. 우리들은 그 실체를 결코 완벽히 파악할 수 없다. 그저 그중에서 우리들이 우리들의 생활 속에서 이용할 수 있는 지식을 뽑아내는 것이다(이 경우 생활이란 넓은 의미에서의 생활로, 지식을 넓힌다는 정신적 측면까지 포함한 광범위한 개념의 생활을 말함). 이용이라고 표현하면 어폐가 있을 수 있지만, 이것은 결코 실용이라는 의미가 아니다. 우리들의 정신생활과 연관된 측면을 자연 속에서 포착해 하나하나 살펴나간다. 그때 과학의 경우, 과학적 시각으로 고찰하는 것이다. 이런 측면에서 살펴보기도 하고 저런 측면에서 살펴보기도 하는 것이 실상인 것이다.

아인슈타인의 상대성이론이 등장했다 해도 일식 관측은 여전히 뉴턴 역학으로 모조리 계산하고 있다. 그리고 그것이 아주 정확히 실제 관측에 들어맞는다. 전기의 경우도 마찬가지다. 전기를 패러데이처럼 '공간의 비틀림'이라고 간주하고 그에 따라 구성된 이론에 따르자면 전기장은 전파로 전달된다는 말이 된다. 그리고 실제로 실험해 보았더니 정말로 전파가 나왔기 때문에 이 이론은 무척 유력한 이론이 되었던 것이다. 원격작용이론에 입각해서 전기는 금속 표면에 살고 있다는 입장을 취하면, 전파의 존재를 파악하기 힘들어진다. 방송국에서 송출된 전파는 일본 전역에 퍼져가는데, 그렇게 파동이 전달되는 것은 공간에 전기의 뒤틀림이 있기에 그 뒤틀림이 파동으로 전달된다고 생각하면 매우 이해하기 쉽다. 금속 표면에 전기가 살고 있다고 생각하면 왜 전파가 전달되는지 짐작하기 어렵다. 하지만 그렇다고 패러데이가 인식한 전기만 진짜이고 금속 표면에 전기가 있다는 것은 잘못된 생각이라고 말하면 안 된다. 왜냐하면 전파가 전달된다고 생각하는 것은 우리들이 그저 그렇게 생각할 뿐이다. 아무도 전파가 전달되고 있는 것을 직접 본 사람은 없다. 그저 전파라고 취급하며 그 파장 따위를 계산해서 그에 맞춰 수신기를 조립하면 귀에 들린다는 이야기일 뿐이다.

물론 원격작용이론에 입각한 사고방식으로는 그런 것들이 전혀 설명되지 않으니 근접작용이론만 있으면 된다고 생각될지도 모른다. 그러나 실은 그렇지 않다. 금속 표면에 전기가 있다고 생각해도 전파에 대한 설명은 가능하다. 그저 계산이 몹시 귀찮아질 뿐이다. 원격작용이론에서는 전파에 대해 어떻게 설명할까. 원격작용이론에서는 전자 감응이라는 현상을 인정하고 있다. 대전체 가까이로 다른 금속을 가지고 가면 감응작용에 의해 이 금속에 전기가 발생한다. 현재 방송국에는 다양한 전기 설비가 있어서 그곳을 통해 전기가 강해지거나 약해지면 감응에 의해 일반 가정의 수신기에 발생되는 전기도 약해지거나 강해진다. 하지만 감응작용으로 상대방에게 전기를 발생시키기 위해서는 시간이 걸리기 때문에 어느 정도 늦게 건너편에 감응이 일어난다. 전달되는 속도는 빛의 속도와 같다. 즉 전파가 전달되는 속도와 동일한 수치다. 감응을 통해 수신기에 발생하는 전기가 발신기 전기보다 약간 지체된다는 것은 전파가 전달된다는 말이나 마찬가지다.

이런 식으로 설명하면 원격작용이론으로도 전기장의 전파를 충분히 설명할 수 있다. 그러나 원격작용이론으로 설명하려면 기계 설계 등이 매우 어려워진다. 방송국에 있는 발신 기계설비를 모조리 조사해서 수신기 쪽이 거기에 맞춰 감응을 발생시키게 하는 과정을 계산한다는 것은 실제로는 불가능하다. 그보다는 근접작용이론으로는 전파란 파동으로 전달된다고 봐도 무방하다는 것을 알 수 있다. 그래서 파동으로 온 것이라면 그것을 이쪽에서 받아들이기 위해 기계를 어떻게 설계해야 좋을지 생각하는 편이 훨씬 간편하다. 그리고 그렇게 해서 수신기를 만들어봤더니 잘 들렸던 것이다. 금속 표면에 전기가 있어서 그 시간적 변화가 전자 감응으로 이쪽 기계의 금속에 전기를 일으키고, 그 감응이 전달되기 위해서는 전파가 도달하는 만큼의 시간이 걸린다고 말해도 좋다. 또한 방송국 안테나에서 전파가 나와 그것이 전달되는데, 그것을 가정집 안테나로 받아들여 수신기에 넣는다고 생각해도 좋다. 실상은 어차피 알 수 없기 때문에 어느 쪽이든 마찬가지다. 기계를 설계하기 위해 어느 편이 더 유리한지가 관건인 것이다. 라디오 같은 경우에는 공간의 비틀림이 파동이 되어 전달된다고 생각하는 편이 훨씬 편리하다. 원격작용이론과 감응의 시간적 지체 쪽은 실제로 풀어보려고 해도 도저히 계산이 불가능할 정도로 복잡해진다. 그래서 전파라는 개념으로 다루고 있는 것이다.

하지만 전기를 공간의 비틀림으로 파악하면 지나치게 복잡해지면서 도저히 수습이 불가능한 경우도 있다. 보통 우리들이 사용하고 있는 전기는 대체로 전선을 따라 전달되는 전류다. 이 전류도 패러데이 식으로 말하자면 전선 주위의 공간의 비틀림이 시간적으로 변화한 것이다. 따라서 전기가 전선 안을 흐른다고 생각하는 편이 훨씬 편리하다. 깊은 산속에 있는 댐에서 발전소의 발전기가 돌아가, 거기서 만들어진 전기가 고압선을 따라 마을까지 들어온다. 그것이 변압기를 통해 가정의 전등에까지 이르는 것이다. 이런 사고방식은 전선에 따라 전기가 이동한다는 사고방식이다. 이렇게 하지 않으면 감당이 안 되는 것이다. 발전소가 있는 산속 공간의 비틀림이 어찌어찌 되어, 고압선 전선 주위의 비틀림이 어찌어찌 시간적으로 변해, 자신들의 집 전등 주위 공간이 어찌어찌 뒤틀려서 마침내 방이 밝아진다고 하는 계산을 하려고 해도 도저히 불가능하기 때문이다. 하지만 전기가 전선을 통해 이동한다고 간주하면 간단히 계산할 수 있다. 이런 식으로 생각해보면 과학이 자연의 실체를 탐구하는 것이라고는 하지만, 결국 넓은 의미에서 인간에게 유리한 시점에서 본 자연의 모습, 그것이 바로 과학이 생각하는 자연의 실체인 것이다.

제3장
측정의 정밀도

오늘날 물리학은 과학 전반의 기초가 되고 있다고 생각되고 있다. 그런데 그런 물리학의 가장 기초를 이루는 것이 바로 측정이다. 측정을 통해 자연현상 중 양적 성질을 추출한다. 그런 다음 각각의 양적 성질, 혹은 각각의 양적 성질 간의 관계를 조사하는 것이 가장 기본적인 과학의 방법이다.

그런데 여기서 한 가지 매우 중요한 측면이 있다. 측정에는 반드시 오차가 동반된다는 사실이다. 어떤 방법을 사용해도 우리들은 자연의 진정한 수치를 알 수 없다. 측정에 의해 얻어진 결과는 항상 근사치에 불과하기 때문이다. 측정이 서툴다거나 기계가 부정확하다는 차원의 문제가 아니라 좀 더 본질적인 문제다. 측정 가운데 가장 간단한 것은 길이의 측정이다. 만약 어떤 대상의 길이를 잴 경우, 1cm 눈금의 자로 측정하면 몇 m 몇십 cm인지까지 잴 수 있다. 하지만 그 이하는 알 수 없다. 1mm 눈금의 자로 측정하면 mm의 자릿수까지는 잴 수 있지만 그 이하는 알 수 없다. 현미경을 사용하면 1,000분의 1mm까지 잴 수 있지만, 그 이하는 잴 수 없다. 전자현미경을 사용해 설령 10만분의 1mm까지 잴 수 있다 해도 역시 그 이하는 도저히 무리다. 과학이 아무리 진보하고 기계가 아무리 발달한다 해도 측정의 정밀도가 점점 높아질 뿐 진정한 값은 영원히 알 수 없다. 물론 인간이 자연을 보는 것이기 때문이 인간이 볼 수 있는 데까지만 볼 수 있다는 것은 당연한 이야기일 것이다.

측정 가능한 정밀도가 어떤 수치를 넘을 경우, 물리학에서는 이를 오차라고 부른다. 따라서 오차라는 말 자체는 결코 잘못되었다는 의미가 아니라 측정 정밀도의 범위를 벗어났다는 의미다. 어떤 법칙의 오류를 실험을 통해 확인할 경우, 오차 범위 내에서 맞으면 그것은 오류가 아니라고 말한다. 물론 오차는 작을수록 좋지만 물리학에서 '정밀한 측정'이란 오차의 절대치의 크고 작음을 말하는 것이 아니라, 측정량과 오차의 비율이 작을수록 정밀하다고 말하는 것이다. 예를 들어 100분의 1mm 세균의 현미경 사진을 찍어 1,000분의 1mm의 오차가 있었다면 정밀도는 10분의 1이다. 1km 거리를 1m의 오차로 측정하면 정밀도는 1,000분의 1이다. 이 경우 1m의 오차가 있는 측정이 1,000분의 1mm의 오차가 있는 측정보다 정밀한 측정일 것이다.

이 부분을 명확하게 하고자 유효숫자라는 단어가 자주 사용된다. 대부분의 측정에서 알고 싶은 값을 직접 측정하는 일은 거의 없다. 다양한 양을 측정한 후 그 조합의 결과에 의해 원하는 양을 계산하는 것이 보통이다. 예를 들어 비중이 얼마인지를 알기 위해 체적(부피)과 중량(무게)을 각각 측정하고 중량의 수치를 체적의 수치로 나눠 값을 냈다고 치자. 이 경우 나머지 없이 몫이 나누어떨어지는 경우는 일단 없으므로, 나눗셈을 계속하면 자릿수는 얼마든지 나올 수 있다. 하지만 중량이나 체적 중 어느 한쪽, 혹은 양쪽 모두가 예를 들어 세 자릿수까지만 측정했다면 나눗셈으로 나온 네 자릿수 이하는 검증이 불가능한 숫자다. 이 경우 세 자릿수까지는 분명 측정한 양을 통해 나온 의미 있는 숫자다. 이 경우 '유효숫자는 세 자릿수'라는 표현을 사용한다. 73.1이든 0.00832든 유효숫자는 모두 세 자릿수다. 0.52는 유효숫자 두 자릿수, 0.520은 유효숫자 세 자릿수다. 0.52는 세 자릿수까지 알 수 없음을 나타내고 0.520은 세 자릿수까지 재서 그것이 0임을 확인했다는 의미다.

그런데 이 유효숫자의 자릿수를 많이 내놓는다는 것, 즉

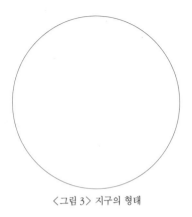

<그림 3> 지구의 형태

진정으로 정밀하게 측정한다는 것은 상당히 어려운 일이다. 그 일례로 지구 비슷한 형태를 <그림 3>에서 보여주고 있다. 이것은 컴퍼스를 사용해 연필 끝을 최대한 뾰족하게 한 후 그린 원이다. 초등학교 학생에게 지구의 형태가 어떠냐고 물으면 다들 "둥글다"고 대답한다. <그림 3>은 컴퍼스로 그린 원이기 때문에 '동그란' 것의 대표적인 예이다. 초등학생들이 대답할 지구의 형태라고 할 수 있다.

그러나 지구가 완전한 구형이 아니라는 것은 누구나 알고 있는 사실이다. 지구 표면에는 히말라야산맥도 있고 최고 수심이 엄청난 일본해구도 있다. 표면이 무척 울퉁불퉁할 뿐만 아니라 형태가 남북으로 약간 짧은 타원체라는 사실도 중학교에서 배운 바 있다. 나아가 대학교육 과정에 이르면 그것이 다시 바뀐다. 실은 의사擬似 타원체라고 한다. 그런데 지구물리학 전문가의 표현에 따르면 지구의 형태는 그 어떤 것도 아니라고 한다. 오히려 "오이의 색이 오이색인 것처럼, 지구의 형태는 지구형이다"라고 표현한다.

한편 이런 다양한 설명 가운데 가장 사실에 가까운 형을 쓰라고 한다면 결국 〈그림 3〉처럼 컴퍼스로 원을 그릴 수밖에 없다. 그 이유는 다음과 같은 간단한 계산을 통해 금방 알 수 있다. 이 원은 직경 6cm이며 선의 폭은 0.2mm다. 그러므로 이 원을 지구라고 가정하면 지구의 직경 1만3,000km를 6cm로 축척해서 그린 것이 된다. 이 축척으로 계산하면 선의 폭 0.2mm는 44km에 상당한다.

그런데 에베레스트산의 높이는 해발 8.9km이며, 바다에서 가장 깊은 곳이라고 불리는 엠덴해연Emden Deep은 깊이가 10.8km에 이른다(현재 알려진 해구 중 가장 깊은 해구는 북태평양 마리아나제도 동쪽에 있는 마리아나해구라고 한다-역자 주). 그러므로 지구 표면상의 요철 차이의 극한은 19.7km에 불과하다. 연필 선 폭의 절반 이하인 것이다. 따라서 지구 표면의 일반적인 산이나 바다의 요철을 충실히 묘사해봤자 이 선 폭의 10분의 1 정도의 요철이 되어버릴 것이다. 이 때문에 도저히 표현할 길이 없다. 아울러 지구가 타원체라고는 하지만, 원형과의 격차는 의외로 적다. 적도반지름보다 극반지름이 약 21.4km 짧을 뿐이다. 따라서 타원체라고 해도 선의 폭의 절반 정도의 차이가 있을 뿐이다. 제대로 된 타원체를 그리려면 결국 컴퍼스로 원을 그릴 수밖에 없는 것이다. 의사 타원체는 더더욱 깊이 들어간 복잡한 내용이다. 결국 초등학생의 답변이 가장 올바른 것이 된다. 뭔가 사기를 당하고 있는 듯한 기분이 드는 분도 계실지 모르지만, 이것은 결코 속임수가 아니다. 이야기의 핵심은 연필로 그린 선에는 폭이 있다는 사실을 자칫 잊어버릴 수 있다는 점이다. 그리고 이 선의 폭이 바로 측정의 오차인 것이다.

그런데 이 경우 오차는 어느 정도일까. 6cm일 경우 선의 폭의 절반이라 간주해 600분의 1이다. 유효숫자로 세 자릿수에 지나지 않는다. 60.2mm인지 60.3mm인지의 구분이 되지 않을 정도다. 최대한 '완전한 원'을 그리려면 보통은 컴퍼스로 원을 그릴 수밖에 없다. 유효숫자 세 자릿수 정도라면 정밀도가 부족한 것처럼 생각될지도 모르지만 그래도 일반적으로는 '완전한 원'으로 통한다.

그렇다면 의사 타원체, 혹은 지구형이라는 것을 어떻게 알게 되었을까. 측지학이 놀랄 만큼 정밀한 수치를 내게 되었기 때문이다. 토지 측량은 삼각법을 사용해 각도를 정밀히 측정한 뒤 계속해서 삼각형들을 이어가는 것이다. 이 경우 각도는 다양한 양 중에서도 가장 정밀하게 잴 수 있기 때문에, 각도 측정을 기반으로 지면천문학이 현저하게 정밀해진 것이다. 그런데 측지의 경우, 삼각측량 때 기준이 되는 직선, 즉 기선의 길이가 문제가 된다. 기선의 길이 측정이 부정확하면 각도를 아무리 정확하게 측정해도 무의미하다. 그래서 기선측량基線測量이 하나의 중요한 과제가 되었다. 오늘날에는 여섯 자릿수의 유효숫자 부근까지 이르고 있다. 기선의 길이는 보통 4km나 5km 정도이기 때문에 여섯 자릿수째는 cm가 된다. 그래서 4km, 5km라는 거리를 mm의 눈금까지 측정해 반올림해서 마침내 여섯 자릿수의 유효숫자가 얻어지는 것이다. 이것은 놀랄

의 숫자에 국제조약 같은 요소가 있다는 말은 금

라는 분도 계실지 모른다. 하지만 전기 방면에서

극단적인 예도 있다. 전기량에는 저항, 전압, 전

세 가지 중요한 요소가 있고, 그 사이에 옴의 법칙

학자 옴에 의해 발견된 전압과 전류의 관계에 대한 법칙-역자 주)

한다. 그래서 이 가운데 두 가지를 결정하면 나머

절로 결정된다. 그 두 가지로 저항 옴과 전류 암페

하는 것이 일반적이다. 양쪽 모두 좀처럼 정밀하게

기 어려운 것들이다. 절대 단위는 결국 '두 가지 대

사이에 작용하는 힘은 대전량의 곱에 정비례하고 거

제곱에 반비례한다'는 쿨롱의 법칙에 의해 결정되는

측정은 매우 어렵고 아무데서나 가능하지도 않다.

래서 지멘스사Siemens AG(독일의 전기설비 제조회사-역자

연구소에서 다음과 같은 제안을 했다. 질량 14.4521g

수한 수은을 온도 0℃에서 106.300cm의 길이가 되

굵기가 일정한 유리관에 넣는다. 이때의 길이 방향

저항을 1옴이라고 한다. 이렇게 1옴이라는 단위를 정

이번엔 이 단위에 의해 검정해가면 된다. 수은은 어

든 입수가 가능하며 순도 높게 만들기 가장 쉽다. 그

만큼 정밀한 수치다.

과학 전반에 걸쳐 이 정도의 정밀도에 이른 것은, 즉 여섯 자릿수 정밀도까지 얻어지는 것은 이 외에 구면천문학(천구 위에 투영된 천체의 위치나 운동을 연구하는 천문학 분야-역자 주) 과 미터원기(미터조약에 의해 1m의 길이를 나타내는 것으로 제정된 자-역자 주) 검정 정도에 불과하다. 미터원기를 어떤 발광 조건 아래 카드뮴 원소에서 나오는 빛의 파장을 기준으로 검정한 것이 현대 과학에서 가장 정밀한 측정이다. 이 측정을 위해 세계 각국에서 내로라하는 물리학자들이 더할 나위 없이 엄밀한 실험을 했는데, 그 결과가 좀처럼 일치하지 않았다. 어쩔 수 없이 국제적으로 카드뮴 기준 스펙트럼선의 파장을 6,438.4696Å으로 인정하고 있다. Å(옹스트롬)은 길이의 단위로 1억분의 1cm를 말한다. 이 경우 여덟 자릿수의 유효숫자이지만 일본의 와타나베渡辺 박사의 정밀측정에 의하면 6,438.4682Å이며, 영국의 측정에서는 6,438.4708Å이라는 수치가 얻어졌다. 결국 여덟 자릿수 중에서 마지막 두 자릿수는 확실하지 않기 때문에, 실은 여섯 자릿수에 머문다고 할 수 있다.

여섯 자릿수로는 부족하다고 생각할 분이 계시다면 그

것은 과학을 과신한 결과다. 5km의 거리를 mm 단위까지 측정한 것이기 때문에 그 이상의 정밀도를 요구하는 것은 도저히 무리다. 여섯 자릿수가 오히려 예외다. 오늘날의 물리학은 보통 세 자릿수 내지는 네 자릿수 정도의 정밀도로 충분히 성립되고 있다. 물론 물리학 방면의 표를 보면 결정각자(결정을 이루고 있는 원자, 원자단, 분자, 이온 등이 만드는 주기적이며 규칙적인 격자 모양의 배열-역자 주) 간 거리나 다양한 전기량의 숫자가 모두 여섯 자릿수다. 이 때문에 자칫 여섯 자릿수의 정밀도가 당연한 것이라는 오해가 생길 수 있는데, 대부분의 경우 그런 숫자는 국제적으로 이야기를 나누어 정하므로 국제법 조문과 비슷한 요소가 포함되어 있다.

예를 들어 결정의 원자 간 거리의 경우도 여섯 자릿수다. 하지만 그런 정밀도가 가능할 리 없다. 원자 간 거리는 X선의 간섭, 즉 라우에 점무늬(라우에법으로 촬영한 사진 위의 점무늬. 결정을 지난 엑스선을 사진 건판에 수직으로 비출 때 건판 위에 규칙적으로 검은 점무늬가 배열되는데, 1912년에 독일 물리학자 막스 폰 라우에가 처음으로 발견한 것으로, 결정구조 해석의 한 방법으로 이용됨-역자 주)를 통해 계산한다. 원자 간 거리를 파악하기 위해서는 X선 파장을 이해할 필요가 있다. 그런데 X선 파장을 여섯 자릿수

까지 정밀하게 측정하라는
다. 빛의 파장을 측정하기 우
데 이때는 충분히 정밀한 격
다지 어렵지 않다. 그러나 X선
는 매우 촘촘해야 하며, 인공
결정 내 원자 배열을 격자로 ㅅ
리를 알고 있어야 한다. 그런데
을 모르면 계산할 수 없다. 양쪽
결국 아무런 이득이 없는 악순환

그래서 암연 결정에 대해 실험
간 거리 d=2.814Å이 나온 이후, (
해 d=2.81400Å이라고 정했던 것
준으로 X선 파장을 역으로 정해 ㄱ
정의 원자 간 거리를 계산한다. 방
성분으로 하는, 유리와 같은 광택이 나고 무색
면(결에 따라 결정체가 쪼개져 갈라진 면-역자
d=3.02904Å이라든가, 운모(철, 망간, ㅁ
산염 광물 중 한 가지-역자 주)는 d=9.9275&
은 그런 약속에 근거해 계산한 값이다.

만큼 정밀한 수치다.

과학 전반에 걸쳐 이 정도의 정밀도에 이른 것은, 즉 여섯 자릿수 정밀도까지 얻어지는 것은 이 외에 구면천문학(천구 위에 투영된 천체의 위치나 운동을 연구하는 천문학 분야-역자 주)과 미터원기(미터조약에 의해 1m의 길이를 나타내는 것으로 제정된 자-역자 주) 검정 정도에 불과하다. 미터원기를 어떤 발광 조건 아래 카드뮴 원소에서 나오는 빛의 파장을 기준으로 검정한 것이 현대 과학에서 가장 정밀한 측정이다. 이 측정을 위해 세계 각국에서 내로라하는 물리학자들이 더할 나위 없이 엄밀한 실험을 했는데, 그 결과가 좀처럼 일치하지 않았다. 어쩔 수 없이 국제적으로 카드뮴 기준 스펙트럼선의 파장을 6,438.4696Å으로 인정하고 있다. Å(옹스트롬)은 길이의 단위로 1억분의 1cm를 말한다. 이 경우 여덟 자릿수의 유효숫자이지만 일본의 와타나베渡辺 박사의 정밀측정에 의하면 6,438.4682Å이며, 영국의 측정에서는 6,438.4708Å이라는 수치가 얻어졌다. 결국 여덟 자릿수 중에서 마지막 두 자릿수는 확실하지 않기 때문에, 실은 여섯 자릿수에 머문다고 할 수 있다.

여섯 자릿수로는 부족하다고 생각할 분이 계시다면 그

것은 과학을 과신한 결과다. 5km의 거리를 mm 단위까지 측정한 것이기 때문에 그 이상의 정밀도를 요구하는 것은 도저히 무리다. 여섯 자릿수가 오히려 예외다. 오늘날의 물리학은 보통 세 자릿수 내지는 네 자릿수 정도의 정밀도로 충분히 성립되고 있다. 물론 물리학 방면의 표를 보면 결정각자(결정을 이루고 있는 원자, 원자단, 분자, 이온 등이 만드는 주기적이며 규칙적인 격자 모양의 배열-역자 주) 간 거리나 다양한 전기량의 숫자가 모두 여섯 자릿수다. 이 때문에 자칫 여섯 자릿수의 정밀도가 당연한 것이라는 오해가 생길 수 있는데, 대부분의 경우 그런 숫자는 국제적으로 이야기를 나누어 정하므로 국제법 조문과 비슷한 요소가 포함되어 있다.

예를 들어 결정의 원자 간 거리의 경우도 여섯 자릿수다. 하지만 그런 정밀도가 가능할 리 없다. 원자 간 거리는 X선의 간섭, 즉 라우에 점무늬(라우에법으로 촬영한 사진 위의 점무늬. 결정을 지난 엑스선을 사진 건판에 수직으로 비출 때 건판 위에 규칙적으로 검은 점무늬가 배열되는데, 1912년에 독일 물리학자 막스 폰 라우에가 처음으로 발견한 것으로, 결정구조 해석의 한 방법으로 이용됨-역자 주)를 통해 계산한다. 원자 간 거리를 파악하기 위해서는 X선 파장을 이해할 필요가 있다. 그런데 X선 파장을 여섯 자릿수까지 정밀하게 측정하라는 것은 도저히 불가능한 주문이다. 빛의 파장을 측정하기 위해서는 광학격자를 사용하는데 이때는 충분히 정밀한 격자를 만들 수 있기 때문에 그다지 어렵지 않다. 그러나 X선처럼 파장이 짧은 경우 격자는 매우 촘촘해야 하며, 인공적으로 만들 수 없다. 따라서 결정 내 원자 배열을 격자로 사용하고 싶다면 원자 간 거리를 알고 있어야 한다. 그런데 원자 간 거리는 X선 파장을 모르면 계산할 수 없다. 양쪽이 주거니 받거니 하면서 결국 아무런 이득이 없는 악순환에 빠져버리는 것이다.

그래서 암연 결정에 대해 실험을 통해 알 수 있는 원자 간 거리 d=2.814Å이 나온 이후, 0을 두 개 붙이기로 약속해 d=2.81400Å이라고 정했던 것이다. 그리고 이것을 기준으로 X선 파장을 역으로 정해 그 파장 수치로 다른 결정의 원자 간 거리를 계산한다. 방해석方解石(탄산칼슘을 주성분으로 하는, 유리와 같은 광택이 나고 무색투명한 광물-역자 주) 벽개면(결에 따라 결정체가 쪼개져 갈라진 면-역자 주)의 원자 간 거리가 d=3.02904Å이라든가, 운모(철, 망간, 마그네슘 등으로 이뤄진 규산염 광물 중 한 가지-역자 주)는 d=9.92758Å이라든가 하는 것은 그런 약속에 근거해 계산한 값이다.

과학상의 숫자에 국제조약 같은 요소가 있다는 말은 금시초문이라는 분도 계실지 모른다. 하지만 전기 방면에서는 좀 더 극단적인 예도 있다. 전기량에는 저항, 전압, 전류라는 세 가지 중요한 요소가 있고, 그 사이에 옴의 법칙(독일의 과학자 옴에 의해 발견된 전압과 전류의 관계에 대한 법칙-역자 주)이 존재한다. 그래서 이 가운데 두 가지를 결정하면 나머지는 저절로 결정된다. 그 두 가지로 저항 옴과 전류 암페어를 정하는 것이 일반적이다. 양쪽 모두 좀처럼 정밀하게 판단하기 어려운 것들이다. 절대 단위는 결국 '두 가지 대전체 사이에 작용하는 힘은 대전량의 곱에 정비례하고 거리의 제곱에 반비례한다'는 쿨롱의 법칙에 의해 결정되는데 그 측정은 매우 어렵고 아무데서나 가능하지도 않다.

그래서 지멘스사Siemens AG(독일의 전기설비 제조회사-역자 주) 연구소에서 다음과 같은 제안을 했다. 질량 14.4521g의 순수한 수은을 온도 0℃에서 106.300cm의 길이가 되도록 굵기가 일정한 유리관에 넣는다. 이때의 길이 방향의 저항을 1옴이라고 한다. 이렇게 1옴이라는 단위를 정하면 이번엔 이 단위에 의해 검정해가면 된다. 수은은 어디서든 입수가 가능하며 순도 높게 만들기 가장 쉽다. 그

런데 길이 106.300cm라고 정했는데 실은 당시의 실험 정
밀도로는 106.3cm까지만 알 수 있었다. 하지만 그것만으
로는 '정밀도'가 부족하기 때문에 그 뒤에 0을 붙이기로 국
가 간 약속으로 정했던 것이다. 이 때문에 이 단위는 '국
제옴'이라고 불린다. 그 후 실험의 정밀도가 높아지면서
106.300cm는 약간 길고 실은 106.245cm로 해야 한다는
사실을 알게 되었다. 하지만 국제단위를 변경하면 기존의
표를 사용할 수 없게 되기 때문에 원래 수치를 사용하기로
한 상태다. 그리고 필요한 경우에는 다음과 같은 수식으
로 환산해서 사용하기로 했다.

$$1국제옴=1.000495절대옴$$

한편 전류의 경우 좀 더 인위적 요소가 포함된 방식을
취한다. 질산은 수용액에 일정한 전류를 통과시켜 전해를
실시했을 때 1초 동안 0.00111800g의 은이 음극판에 달라
붙을 경우 해당 전류를 1암페어로 친다. 이때 마지막에 나
오는 00도 약속으로 결정된 사항이다. 이것만으로도 귀찮
기 그지없는데, 이 조약에는 다음과 같은 부칙이 달려 있

다. '음극판이 순수한 백금으로, 음이 달라붙은 양은 음극판의 1㎠에 대해 0.1g 이하일 것. 양극판의 전류정밀도는 1㎠에 대해 0.2암페어 이하일 것. 음극판 전류정밀도는 0.02암페어 이하일 것.' 이런 인위적인 약속사항을 집어넣은 상태에서 비로소 1국제암페어라는 단위가 결정된 것이다. 이것도 나중에 조금 오류가 있다는 사실을 알게 되었는데 그냥 그대로 사용하기로 했다. 현재는 다음과 같은 환산식이 적용되고 있다.

1국제암페어=0.999835절대암페어

하지만 이 식이든 앞에 나온 국제옴 환산식이든 맨 뒤에 나오는 자릿수는 다소 미심쩍다. 따라서 금후 실험이 더욱 정밀해지면 다시 조금씩 바뀌게 될 성질의 환산식이다.

국제단위는 조약으로 정한 것이라도 절대단위와의 관계가 설정되기만 하면 상관없으므로 전기의 경우 역시 여섯 자리, 혹은 그에 가까운 정밀도에 이르게 된 것이다. 여기서 말하고 싶은 것은 여섯 자리, 혹은 그에 가까운 정밀도를 얻는 것이 얼마나 어려운 일인지에 대해서다. 그 정도의 정밀도를 얻을 수 있다면 우리들은 자연계에 대해 과연 얼마만큼 확실한 지식을 얻은 것이 될까.

가장 알기 쉽다고 생각되는 것이 혜성의 예이다. 혜성에는 적어도 두 종류가 있다. 포물선 궤도에 의한 혜성과 가늘고 긴 타원 궤도의 혜성이다. 포물선 궤도의 경우, 일단 태양계에서 벗어나면 영원히 돌아오지 않는다. 타원 궤도의 경우, 수십 년이나 수백 년이 지나면 다시 볼 수 있는 혜성이다. 영원히 볼 수 없는 것과 기다리면 언젠가 다시 볼 수 있는 것의 차이다. 이 경우 분명 질적인 차이가 존재한다. 이 부분을 과학이 어디까지 구별할 수 있는지는 흥미로운 문제라고 할 수 있다.

태양에 가까이 다가왔을 때, 이런 혜성들은 양쪽 모두 포물선에 가까운 형태의 궤도가 된다. 가늘고 긴 타원의 머리 부분이 포물선과 흡사한 형태라서 타원이 가늘고 길수록 더 닮아진다. 혜성의 궤도는 일부분만 측정할 수 있기 때문에 어지간히 정밀한 관측이 아니라면 그 궤도가 타원의 일부인지 포물선의 일부인지 구별할 수 없다. 보통은 새로운 혜성이 보이기 시작하면 포물선이라고 가정한 후 일단 궤도를 계산하고 그 이후 관측을 끝낸 다음에야 포물선인지 타원인지 조사한다. 어쨌든 이론적으로는 궤도 일부분에 대해 정밀히 관측하면 그것이 타원인지 포물선인지를 알 수 있을 것이다. 하지만 관측에는 반드시 오차가 존재하며 그것은 도저히 피할 수 없는 일이기도 하다. 천문 관측은 정밀도라는 측면에서 가장 앞서 있음에도 불구하고 정밀도에 한계가 존재한다. 그 한계를 인정하고 계산하면 주기가 200년 이상이나 되는 혜성 궤도의 경우 포물선과의 구별이 어려워진다. 즉 타원이든 포물선이든 '연필 선 폭' 안에 드는 범주 이내로, 결국 서로의 궤도가 중첩돼버린다. 관측 기록에는 각도로 초의 10분의 1까지 기록하게 되어 있다고 한다. 그 점을 고려해보면 가장 긴 주기의 혜성이라도 포물선과 구별이 될 것 같은데 실제로 혜성에는 크기가 있으며 그 중심이라고는 해도 다소 애매하다고 한다. 아울러 하나하나의 관측에는 오차가 동반되기 때문에 결국 타원 주기가 200년 이상이 되면 포물선과 구별이 불가능해진다는 사실이 현재 천문학자들 사이에서 인정되고 있다.

이런 식으로 생각해보면 '200년 이상'과 '영원히'는 구별이 가지 않는다. 바로 이 점에 과학의 한계가 있는 것이다. 향후 관측이 좀 더 정밀해지면 200년이 2,000년으로 늘어날지도 모르지만 원리를 따지고 들자면 결국 같은 말이다. 과학에서 말하는 '영원'이란 수백 년 내지는 수천 년을 말한다. 그리고 필자는 수백 년 정도가 적정하지 결코 수천 년까지는 늘지 않을 거라고 생각한다. 왜냐하면 정밀도의 경우 유효숫자 여섯 자리 정도가 거의 한계로 그 이상은 무리라고 느껴지기 때문이다. 종이와 연필로 생각해보면 정밀도는 얼마든지 늘릴 수 있다고 생각되지만 실제로 자연현상을 잘 살펴보면 이것도 좀처럼 쉬운 이야기가 아니다. 머릿속에서 생각하는 것처럼 자연현상이 그렇게 이상적이지는 않기 때문이다.

예를 들어 기선측량의 경우를 생각해보자. 엄청난 돈을 들여 5km나 되는 거리를 물과 얼음 속에 담아 온도를 일정하게 유지하며 정밀한 기계로 측정하면 mm의 10분의 1 정도까지 정밀하게 측정될 것으로 생각된다. 즉 돈만 들이면 가능할 것 같다. 하지만 그것은 불가능한 일이다. 왜냐하면 아주 경미한 지진이 발생할 경우 기점이 1cm 정도 어긋나기 때문이다. 심지어 10분의 1mm 정도 어긋나는 지진이라면 매일 일어난다고 생각해야 한다. 그런 지진은 없다고 상정하고 생각해볼 수도 없는 노릇이다. 인체에 느껴지지 않는 지진은 매일 일어나고 있는 것이 지구의 실상이기 때문이다.

지구 이야기까지 나오니 감당이 안 되는 것일 뿐, 실험실 안에서 조건을 엄밀히 유지한 채 실험하면 정밀도는 얼마든지 증가시킬 수 있다고 생각하는 사람도 있을지 모른다. 하지만 그것에도 역시 오류가 존재한다. 조건을 어느 정도 이상 엄밀히 유지한다는 것은 애당초 불가능한 희망 사항이다. 실험실 내의 측정에서 가장 정밀히 행할 수 있는 것은 화학 천칭에 의한 무게 측정이다. 이 경우라면 일곱 자리 정도까지 끌어낼 수 있기 때문에 길이나 시간 측정과는 비교가 안 될 정도로 정밀한 측정이 가능하다. 하지만 이런 경우조차 일곱 자리째는 의미가 없고 여섯 자리여도 다소 미심쩍다. 이유 중 한 가지는 측정법 자체에 있다. 화학 천칭으로 무게를 측정하기 위해서는 한쪽 접시 위에 측정해야 할 대상을 올려놓고 나머지 접시 위에 분동分銅을 올려놓아 평평해지는 부분을 읽는다. 한가운데 달린 바늘이 수직이 되어 0이라고 적힌 부분에서 멈추면 양쪽의 무게가 동일하다는 말이 된다. 하지만 바늘은 천천

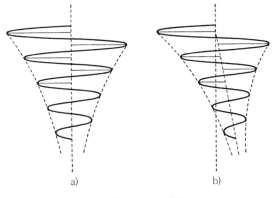

<그림 4> 천칭의 진동

히 진동하며 좀처럼 멈추지 않는다. 그래서 진동의 양쪽 끝의 눈금을 읽어내서 멈추는 부분을 계산해낸다. <그림 4>의 a)에서 보여주는 것처럼 왼쪽 3번의 측정의 평균을 취하고 오른쪽 세 번의 측정의 평균을 취한다. 이 두 가지 평균치의 평균을 다시 내면 바늘이 멈추는 부분이 된다. mg의 10분의 1 내지는 100분의 1 부분을 측정하기 위해서는 이렇게 해야 한다. 바늘이 멈출 때까지 기다리기보다는 이쪽이 정밀한 방법이다. 정말로 바늘이 멈출 때는 눈에 보이지 않는 먼지가 천칭의 날이 있는 부분에 있어도 그것 때문에 정지 위치에서 다소 벗어난 곳에서 멈출 우려

가 항상 존재한다. 그러므로 정지 위치를 측정하기 위해서는 진동시키면서 재야 한다. 요컨대 측정에는 매번 어느 정도 시간이 걸리고 그 정도의 시간은 따지고 보면 꼭 필요한 시간이기도 하다.

그런데 천칭으로 목재 블록의 무게를 정밀하게 측정해보면 바늘은 〈그림 4〉의 b)처럼 진동한다. 바늘은 한 번 진동하는 사이에 이미 가벼워져버리기 때문에 5회 진동할 때까지 기다릴 수 없게 된다. 이런 상황이라면 정밀하게 무게를 측정하는 것이 불가능하다. 천칭의 케이스 안에는 건조제가 들어 있어서 목재가 측정 중 마르기 때문이다. 건조제를 제거하고 물이 든 컵을 케이스 안에 넣고 재어보면 바늘의 진동은 반대쪽으로 기울어진다. 이 경우 목재가 수증기를 흡수하기 때문이다. 이 정도로 정밀해지면 목재라고는 해도 살아 있는 생명체나 마찬가지여서 일정한 무게를 측정할 수 없다는 말이 된다.

그렇다면 돌이나 금속 같은 것이라면 어떨까. 얼마든지 정밀하게 측정할 수 있을까. 거기에도 여전히 한계가 존재한다. 천칭이 향후 좀 더 정밀해져도 측정 결과로서 의미가 있는 것은 기껏해야 여섯 자리 정도다. 왜냐하면 무게를 재야 할 상대를 그 이상의 정밀도로 규정specify할 수 없기 때문이다. 철 조각의 무게를 일곱 자리까지 재도 그것은 특정 철 조각의 측정 시의 무게일 뿐이다. 더 이상의 물리적 의미가 없다. 다음 날 측정해보면 산화되었기 때문에 이미 무게가 달라져 있다. 그것을 닦은 후 측정하면 그 영향으로 또다시 달라진다. 동일한 철로 만들어진 막대 중에서 두 가지 표본을 꺼내 비중을 측정해봐도 그 정밀도는 표본마다 하나같이 다르다. 그래서 어느 철이라는 식으로 재야 할 상대를 규정할 수 없다.

실제로 존재하는 것 중 가장 순수하면서도 일정한 성질을 가지고 있는 것은 결정이다. 결정은 특정한 원자가 특정 결정격자를 만들어 배열된 것이다. 그래서 순수한 결정이라면 그 물질적 성격은 아마도 일정할 것이다. 그런데 물질적 성격 중에서 가장 확실하고 동시에 일정해야 할 결정의 비중을 정밀히 측정해볼 경우, 여섯 자리 정도가 되면 모두 달라진다. 이 때문에 여섯 자리의 정밀도까지 가면 세상에 동일한 것은 전혀 없다는 말이 된다. 얼음 단결정(어떤 고체 안에 존재하는 원자, 이온, 분자가 규칙적인 3차원 배열을 가지는 것-역자 주)의 비중은 매우 조사가 잘된 경우인데, 최대한 완전한 11개의 결정에 대해 측정한 결과, 평균적으로 0도에서 0.91667이었다. 그리고 하나하나의 표본은 마지막 자리에서 2 내지 3이 다르다. 이 때문에 분명한 부분은 0.9를 1이라고 해도 다섯 자리까지라고 할 수 있다.

그래서 여섯 자리의 정밀도에 도달하면 바야흐로 자연계에 동일한 것은 결코 없다는 말이 된다. 그 이하가 되면 바야흐로 '재현 가능'이라는 원칙은 성립되지 않는다. 묘한 표현이지만 자연계 자체에 정밀도의 한계가 있으며, 그런 이유로 과학은 여섯 자리 정밀도까지만 다룰 수 있다고 말할 수 있을 것이다. 적어도 현재 상태에서는 그러하다.

'200년'과 '영원히'가 구별이 가지 않는다는 것은 두 가지로 해석할 수 있다. 하나는 과학도 의외로 무력하다는 시각이다. 하지만 동시에 200년 이후의 미래의 일까지 알 수 있으므로 매우 강력하다고도 생각할 수 있다. 둘 중 어느쪽 시각을 가질지는 흥미로운 문제다. 하지만 과학의 본질이 이렇다는 것을 알아두면, 그 힘을 정당하게 이해할 수 있을 뿐만 아니라 과신하는 일도 없을 것이다.

제4장
질량과 에너지

질량과 에너지는 현대 과학에서 가장 중요한 개념이다. 그리고 최근까지 질량과 에너지는 서로 무관한 독립적 개념으로 다루어져왔다.

그런데 원자력 연구가 보편화되면서 양자 사이에 밀접한 관계가 있다는 사실이 발견되었다. "원자력은 물질이 에너지로 변한 것이다"라는 표현도 사용되게 되었다. 이 말은 통속적 의미에서 보면 맞는 말이다. 하지만 물질은 사물이며 실질적인 것이다. 반면 에너지는 힘과 비슷한 것일 뿐 사물이 아니다. '사물'과 '사물이 아닌 것'이 서로 바뀐다고 하니 다소 이해하기 어렵다. 너무 희한한 일 같지만 실은 전혀 희한한 일이 아니다. 보통 물질이라고 불리는 '사물'도, 에너지라 일컬어지는 힘 같은 '사물이 아닌 것'도, 애당초 모두 자연계의 실체가 아니라 인간의 머릿속에서 만들어진 개념이다. 그리고 자연계의 실체는 이 양자를 융합한 부분에 존재하며 본래 상호 간에 바뀔 수 있는 것이었다.

그에 대한 설명으로 넘어가기 전에 우선 '물질'과 '에너지'라는 단어의 의미를 알아둘 필요가 있다. 그중에서 비교적 이해하기 쉬운 '물질'에 대해 생각해보자.

물질이란 사물이며, 굳이 설명하지 않아도 당연히 아는 것이라고 생각될지도 모른다. 하지만 의외로 까다로운 문제다. 인간의 신체나 전통 찻잔이나 물 같은 것은 진짜로 사물이기 때문에 틀림없이 물질이다. 하지만 이것을 물질이라고 느끼는 것은 형태가 눈에 보이고 만져보면 딱딱하기도 해서, 요컨대 손으로 만질 수 있기 때문이다.

그렇다면 공기처럼 눈에 보이지 않고 만져볼 수도 없는 것은 물질이 아닐까. 물론 이것도 물질이다. 물의 경우는 이해하기 쉽지만 온도를 높여 수증기로 만들면 이것은 완전히 공기나 마찬가지다. 눈으로 볼 수도 없고 손으로 만질 수도 없다. 주전자 입구에서 나오는 뜨거운 김은 색깔이 희기 때문에 눈에 보이지만 그것은 수증기가 아니라 작은 물방울이 모인 것이다. 그런데 수증기를 차게 하면 다시금 물로 바뀐다. 물은 물질이기 때문에 그것이 수증기가 되어도 역시 물질이라고 생각해야 한다. 온도를 낮게 하면 다시 물이라는 물질로 되돌아오기 때문에, 중간에 잠깐 물질이 사라진다고 하면 웃기는 이야기가 될 것이다.

손으로 만질 수는 없지만 역시 물질이라고 생각해야 할 것들의 예는 그 외에도 매우 많다. 예를 들어 달이나 태양도 물질이라고 누구든 생각할 것이다.

달이라는 것이 하늘에 존재한다. 연극 무대장치에 나온 달, 즉 막 위로 빛으로 비춰서 띄운 달은 물질이 아니다. 하지만 진짜 달은 만져볼 수는 없어도 물질이다. 전파를 보내면 달에서 반사되어 되돌아온다.

그렇다면 물질과 물질이 아닌 것은 무엇으로 구분할까. 상당히 어려운 문제다. 형태나 단단함으로 구별할 수 없다는 것은 수증기의 예에서 이미 설명했다. 색깔 따위는 물론 판정 요소에 들어가지 않는다. 어떤 전통 찻잔을 빨간빛으로 보면 빨갛게 보이지만 파란빛으로 보면 파랗게 보인다. 하지만 색깔이 아무리 바뀌어도 전통 찻잔에는 실질이라고 말할 수 있는 것이 있으며, 그것은 결코 변하지 않는다고 생각하는 편이 타당할 것이다.

변하지 않는 실질이란 과연 무엇일까. 이렇게 더듬어 앞으로 나아가다 보면, 결코 변하지 않는 실질이라는 것이 정말로 존재하는 건지 매우 고민스럽다.

그런데 과학 역시 결국엔 인간이 만들어낸 것이다. 하나의 학문을 만들기 위해서는 뭔가 기반이 될 것이 필요하다. 그 하나로 사물을 다루는 이상 사물에는 물질이 있으며, 그 실질은 결코 변하지 않는 것이라고 규정해야만 한다. 아니라면 학문을 구축할 기틀이 없어진다.

전통 찻잔의 예로 이야기해보자. 색깔은 그 실질과는 무관하다. 거기에 비춘 빛에 의해 다양하게 변하기 때문이다. 형태도 마찬가지다. 만약 어떤 전통 찻잔 하나를 산산조각 내버렸다고 치자. 그 조각들을 전부 모으면 전통 찻잔의 '실질'은 전부 갖춰지게 된다. 그것은 깨지기 전과 다르지 않다고 생각하는 편이 타당할 것이다. 깨뜨렸기 때문에 부족해졌다면 그 정도는 파편을 잃어버렸다고 생각해야 한다.

그런데 전통 찻잔을 부순 후 모든 파편을 모을 경우, 그것이 다 모였는지를 판정하는 방법은 오로지 하나밖에 없다. 무게를 재어보는 것이다. 만약 무게를 재어봐서 이전보다 가벼워졌다면 파편을 잃어버렸다고 생각하는 것이 자연스럽다. 사실 파편을 모조리 다 모아보면 무게는 변하지 않았을 것이다. 인간이 체중계 위에 올라가 서 있든 웅크리고 앉든 체중 60kg의 사람이라면 동일한 60kg이다. 이 60kg이라는 무게가 그 인간의 '실질'이다. 이것은 자세 따위로 변하는 수치가 절대 아니다. 모든 물질에는 이런 '실질'이 있다. 이것을 물리학에서는 질량이라고 말한다.

물질에는 이처럼 질량이 있다. 요컨대 무게가 있는 것이다. 다른 표현으로 말하자면 천칭에 의해 무게로시 느껴지는 것이 어떤 사물의 실질이며, 그런 실질을 가지고 있는 것이 물질이다. 공기든 수증기든 적당한 장치를 사용하면 천칭으로 그 무게를 제대로 잴 수 있기 때문에 물질이다. 달이나 태양, 혹은 지구 역시 천칭으로 잴 수 있는 성질의 것이다. 그런 전제하에 계산한 일식과 월식, 그 외의 천문학적 계산이 실제 수치와 정확하게 맞아떨어지기 때문에 달이나 태양도 물질이라고 생각할 수 있는 것이다.

이상의 이야기를 요약해보면 물질에는 색깔이나 형태나 단단함과는 무관하게 질량이라고 칭해야 할 것이 있으며, 그것은 천칭에 의해 무게로 표현된다. 다른 표현으로 말하자면 무게가 있는 것이 물질이다. 이것은 매우 분명한 정의다. 예를 들어 유령이 물질, 즉 사물인지 아닌지는 유령에게 무게가 있는지의 여부에 달려 있다. 무게가 있다면 실재하는 사물이지만 없다면 사물은 아닌 것이 된다.

그런데 그 사물의 실질, 즉 질량에 대해서는 종래부터

하나의 중요한 법칙이 있었다. 그것은 질량 불변의 법칙이라고 불리는 것이다. 물질의 형태가 어떻게 변해도 그 실질, 즉 질량은 변하지 않는다는 것이 이 법칙이다. 그래서 실은 질량 항존의 법칙이라고 말하는 편이 좋지만 귀에 익숙한 질량 불변의 법칙이라는 단어를 사용하기로 하겠다. 실질이라는 표현을 쓰는 이상, 불변의 것이 아니면 곤란하기 때문에 만약 그것이 제멋대로 바뀌면, 즉 사라지거나 다시 나타나면 학문적으로 구축할 방법이 없어져버린다. 전통 찻잔의 파편이 정말로 사라졌는지, 잠깐 잃어버렸을 뿐인지를 판단할 수 있는 기준이 없어진다.

다행스럽게도 실제로 천칭을 사용해 정밀하게 재어보면 물질은 그 형태가 바뀌어도 무게는 변하지 않는다는 사실이 증명되고 있다. 물을 넣어 밀폐한 유리그릇을 데우면 모든 것이 없어진 것처럼 보인다. 하지만 무게를 측정해보면 이전과 전혀 변함이 없다. 즉 물이 수증기로 변해도 무게로 느껴지는 그 실질은 변하지 않는 것이다.

그뿐만 아니라 수소와 산소를 화학적으로 결합시키면 수소와도 산소와도 전혀 다른 물이 된다. 이 경우에도 질량 보존의 법칙은 성립된다. 이 때문에 화학적으로 결합

되기 전의 수소와 산소의 무게의 합은 새롭게 만들어진 물의 무게와 정확히 일치한다. 이것도 정밀한 실험 결과 확인된 내용이다. 즉 질량 불변의 법칙은 물질이 화학 변화를 한 경우에도 적용된다고, 적어도 최근까지는 믿어지고 있었다. 사실 현재 존재하는 천칭의 정밀도 범위 내에서는 그 말이 맞기 때문이다.

영혼이라는 것이 과연 있는지 자주 문제시되곤 하는데, 이것은 '있다'는 말의 의미에 따라 어떻게도 답변할 수 있다. 인간이 살아 있는 이상, 영혼이 있는 것임에 틀림없지만 그것이 사물로서 있는지의 여부는 또 다른 차원의 문제다. 사물로서 존재한다면 영혼에 무게가 있어야 하기 때문이다.

중세가 끝날 무렵 이것이 문제가 되어 실험을 했던 사람이 있었다. 죽기 직전과 직후에 체중의 변화가 있는지 여부를 재어보았던 것인데, 영혼의 무게만큼 줄었다는 확실한 결과는 도출해낼 수 없었다. 영혼에 무게가 있다 해도 어차피 가벼울 것이므로 무게를 어지간히 정밀하게 재지 않으면 그 차이는 도출해낼 수 없을 것이다. 한편 인간의 무게는 정밀하게는 호흡을 하거나 땀을 흘릴 수도 있기 때문에 항상 변하고 있다. 따라서 영혼의 무게가 그런 변화의 범위 내라면 무게를 재어도 값이 나오지 않을 것이다. 따라서 실험은 어렵겠지만, 현대 과학의 범위 안에서 영혼에는 무게가 없는 것이 된다. 즉 사물이 아니라고 믿어지고 있다.

이상의 이야기를 요약하면, 물질이라는 것은 무게가 있는 것으로서 그 무게는 물질이 어떤 식으로 변해도 변하지 않는다는 말이 될 것이다. 물론 변하지 않는다는 것은 현재 존재하는 가장 정밀한 천칭으로 재어도 차이를 발견할 수 없다는 의미다. 천칭의 정밀도가 지금보다 1억 배 이상 증가한다면, 그리고 그런 천칭으로 재어본다면 상태의 변화에 의해 무게, 즉 질량이 변할지도 모른다. 하지만 그런 천칭이 완성될 때까지 아무것도 하지 않은 채 기다리고 있을 수는 없다. 이 때문에 현재로서는 어떤 사물의 무게가 절대 변하지 않는다는 기반 위에 서서 과학을 구축해왔던 것이다. 실제로 측정해보면 천칭의 정밀도의 아슬아슬한 부분에서는 다소간 차이가 난다. 하지만 그것은 천칭의 오차라고 간주한다. 다른 표현으로 말하자면 사물의 다양한 성질 중 무게로 나타난 성질이 그 실질이며, 이 실질은 상태가 변해도 변하지 않는다. 그래서 그런 성질을 가지고 있는 것을 물질이라고 말한다. 이렇게까지 설명해야 비로소 과학에서 사용되는 물질이라는 단어의 의미가 확인해졌을 것이다.

이것으로 알 수 있게 된 것은, 사물의 실질이라고는 해도 인간적인 요소가 의외로 담겨 있다는 사실이다. 실질이라고 표현되는 이상 뭔가 일정한 것이 아니면 곤란하다. 계속 변하는 것이라면 실질이 아니라 잠깐의 모습이다. 그 때문에 상태가 변해도 변하지 않고 남아 있는 성질이 무엇인지 탐구해가다가 결국 무게라는 것에 다다른 것이다. 사물의 무게는 현재의 천칭의 정밀도 범위 안에서는 상태가 변해도 변하지 않는다. 그래서 무게로서 표현되는 성질의 바탕을 실질(질량)이라고 보고 질량을 가진 것을 물질로 파악했던 것이다. 그러므로 사물의 질량이라고 해도 인간을 완전히 벗어난 것이 아니라 인간이 자연 속에서 찾아낸 개념에 불과하다. 그런 까닭에 그것이 변해 에너지가 된다 해도 이상할 것은 없다. 왜냐하면 에너지 역시 인간이 자연계의 변화 안에서 찾아낸 개념이기 때문이다.

다음으로 에너지에 대해 설명할 필요가 있을 것이다. 에너지에 대해서도 물질과 비슷한 법칙이 있다. 에너지 불변의 법칙이라고 일컬어지고 있다. 물리학 방면의 정의에 의하면 에너지는 자연계에 일어나고 있는 다양한 변화의 원동력이 되는 능력이라고 생각하면 된다.

위로 치켜 든 망치에는 말뚝을 안으로 박아 넣을 수 있는 능력이 있으며, 날아가는 화살에는 새를 맞혀 떨어뜨릴 능력이 있다. 열에는 기관차를 움직여 기차를 끌고 달릴 능력이 있으며, 전기나 방사선에도 각각 어떤 일을 해낼 수 있는 능력이 있다. 이런 다양한 원동력을 에너지라고 한다. 에너지에는 기계적 에너지, 열에너지, 전기에너지 등 다양한 것들이 있다. 그것들은 서로 다른 것으로 바뀔 수 있다.

예를 들어 수력발전소에서 생산된 전기는 물이 떨어지는 에너지를 전기에너지로 바꾼 것이다. 그 전기로 전등을 켜거나 전열기를 작동시키는 것은 전기에너지를 빛에너지나 열에너지로 변화시킨 것이다. 그런데 에너지가 이처럼 다양한 형태로 바뀔 때도 중요한 법칙이 있다. 형태가 변해도 에너지의 양은 변하지 않는다는 법칙이다. 에너지 불변의 법칙과 앞서 언급했던 질량 불변의 법칙이 기존의 물리학, 나아가 과학 전체의 기반이 되고 있다. 이 기반 위에서 현대 과학이 구축돼왔던 것이다.

물론 에너지 불변의 법칙도 절대적인 것은 아니다. 질량 불변의 법칙이 현재 천칭의 정밀도 범위 안에서 확인되고 있는 것처럼, 에너지 불변의 법칙도 물론 실험의 정밀도 범위 안에서의 이야기다. 그런데 에너지는 측정하기 어렵기 때문에 에너지를 측정하는 실험은 물질의 양, 즉 무게를 재는 실험보다 정밀도가 매우 떨어진다. 무게의 경우 1,000만분의 1 정도까지의 정밀도로 측정이 가능하다. 하지만 에너지는 1,000분의 1 정도의 정밀도를 얻는 것마저 쉽지 않다. 앞서 언급했던 것처럼 열도 에너지 중 하나인데 이런 것들은 정밀하게 재봤자 1,000분의 1 정도의 정밀도다. 그래서 기계적 에너지가 열에너지로 바뀌어도 에너지의 양은 변하지 않는다고 하는데 실험적으로 정밀하게 확인된 것은 아니다. 1,000분의 1 정도라면 변화가 있긴 하지만 이는 실험의 오차라고 친다.

그래서 질량 불변의 법칙과 에너지 불변의 법칙 모두 공리라고 볼 수 있다. 공리를 세우고 그에 바탕을 둔 상태에서 학문을 구축했던 것이 오늘날의 현대 과학이다. 공리라고 해도 인간의 머릿속에서 제멋대로 만들어낸 것이 아니라 다양한 실험 결과를 통해 추정된 것이다. 그리고 그것에 기반을 둔 과학이 필요한 만큼의 정밀도의 범위 내에서 자연현상을 잘 설명해주고 아울러 유용했기 때문에 그 공리는 올바른 것으로 파악돼온 것이다.

그런데 질량은 그렇다고 쳐도, 에너지 쪽에는 문제가 하나 있다. 그것은 이른바 화학 변화에서 발생하는 에너지다. 예를 들어 수소와 산소를 합쳐서 불을 지피면 폭발해서 물이 된다. 처음엔 수소나 산소 모두 투명한 기체로 에너지 따위는 가지고 있지 않은 것처럼 보인다. 새롭게 만들어진 물도 그냥 물이므로 마셔도 전혀 무방하다. 그냥 물이므로 이것 역시 딱히 에너지 같은 것은 지니고 있지 않다고 생각된다. 그런데 폭발이라는 것은 대단한 고열과 빛을 내는 현상이기 때문에 수소와 산소가 결합할 때 다량의 열이나 빛에너지가 나왔을 것이다. 그런 에너지가 '무에서 유가 창출된' 형태로 발생된 것이라면 이것은 에너지 불변의 법칙에 저촉된다. 불변의 법칙이란 '없어지지 않는다'는 것뿐만 아니라 '발생되지 않는다'는 것도 의미하고 있다. 실은 항존이라고 말하는 편이 낫다. 형태가 변할 뿐 양은 변하지 않는다는 말이다. 수소와 산소라고 하면 뭔가 학문적인 영역 같지만 장작을 피울 경우라도 마찬가지다. 장작을 피우면 열에너지가 발생하는데 이 에너지가 어디에서 왔는지가 문제다.

여태까지는 이런 물질 내부에 그만큼의 에너지를 몰래 가지고 있었다고 간단히 치부돼왔으며, 그것을 '내부 에너지'라고 불렀다. 수소든 산소든 물이든 제각각 내부 에너지를 가지고 있다. 하지만 수소와 산소가 가지고 있는 내부 에너지의 합은 물의 내부 에너지보다 크다. 그래서 화학반응으로 물이 되었을 때 그 차이만큼의 에너지가 폭발 에너지가 되어 나타난 것이라고 설명돼왔다. 이대로라면 에너지 불변의 법칙에 들어맞는다. 혹은 에너지 불변의 법칙을 미리 상정하고, 그에 앞뒤를 맞춰 내부 에너지가 있다고 결론지었던 것이다.

에너지가 발생했을 때는 그만큼의 에너지가 내부 에너지로 처음부터 해당 물질 안에 있었다고 생각한다. 한편 내부 에너지라는 것은 아무도 볼 수 없는 성질의 것이다. 그래서 이 설명은 에너지 불변의 법칙을 지키기 위한 일종의 합리화, 억지라고도 파악된다. 하지만 단순한 합리화나 억지가 결코 아니다. 수소나 산소만이 아니라 다양한 물질 간에 반응을 일으키게 하고 그때 발생하는 에너지를 측정하면 각각의 물질의 내부 에너지를 판단할 수 있다. 그 수치로 다른 화학 변화 시 나오는 에너지를 계산해보면 해당 화학 변화에 의해 실제로 발생하는 에너지 수치와 일치한다. 그런 의미에서 내부 에너지가 존재하고 있으며, 거기에도 에너지 불변의 법칙이 적용된다고 봐도 무방하다. 하지만 이것은 사실 말의 앞뒤가 맞기는 해도 내부 에너지의 실상이 과연 어떤 것인지에 대해 깊이 파고들지 않은 설명이다. 물론 실상 따윈 몰라도 유용하기만 하면 된다. 종래에는 이런 사고방식에 의해 화학, 즉 화학반응을 주로 다루는 학문이 구축된 바 있었다.

그런데 최근 물리학의 눈부신 진보에 의해 엄청난 사실이 발견되었다. 처음에는 이론상으로만 제시되었는데, 물질과 에너지는 상호 전환될 수 있다는 사실이다. 즉 물질은 불멸하는 것이 아니며, 때로 사라져 없어지는 경우가 있긴 하지만, 그때는 에너지가 발생한다. 반대로 에너지가 물질로 바뀌는 경우도 있다. 상호 전환된다는 사실은 물질과 에너지가 서로 관여할 때 그 비율이 일정하다는 것도 포함되어 있다. 실은 물질이라고 말해서는 안 된다. 물질의 실질, 즉 질량을 말하기 때문이다. 물질이 뭐든 상관없이 그 질량 1g은 9×10^{20}erg(9의 아래 0이 20개 붙은 숫자, 에르그 erg는 에너지의 단위)의 에너지에 상당한다. 이것은 1조의 10억 배라는 엄청나게 큰 수치다. 1g이라면 매우 작은 무게이지만 그것이 사라지면 엄청나게 큰 에너지가 출현하게 된다. 원자력은 바로 이 에너지인 것이다. 원자폭탄이 그토록 강력한 것도 당연한 결과다.

물질이 에너지로 변할 수 있다면 지금까지의 질량 불변의 법칙은 더 이상 적용되지 않는다. 앞서 언급했던 수소와 산소가 결합할 경우에 대해 말하자면, 새롭게 만들어진 물의 무게는 원재료였던 수소와 산소의 무게의 합에 가깝다. 따라서 사물의 실질은 변하지 않는다. 이것이 종래의 사고방식이었다. 그런데 화학반응을 할 때는 폭발이라는 형태로 엄청난 에너지가 발생한다. 에너지의 경우 물질이 딱 그만큼 줄어들고 그것이 에너지로 발생했다고 치면, 새로운 사고와도 부합된다. 그러면 내부 에너지라는 기존의 애매한 사고도 그 실상이 해명된다. 하지만 질량은 그만큼 줄어들기 때문에 질량 불변의 법칙은 폐기해야 한다.

어느 쪽이 올바른지 실험해보면 된다고 생각할지도 모르지만, 종래의 방법으로는 불가능하다. 물질과 에너지의 비율이 너무 크고, 폭발 시 나오는 에너지 정도는 물질의 무게 감소로는 매우 작아, 아무리 정밀한 천칭을 가져와도 측정이 불가능하기 때문이다.

그런데 원자물리학이 매우 진보했기 때문에 최근에는 분자나 원자 하나하나의 행동을 알 수 있게 되었다. 간접적으로 말하면 천칭의 정밀도가 기존의 것보다 1억 배, 혹은 1조 배나 증가했다는 말이 된다. 그래서 1g의 물질이 9×10^{20}erg의 에너지로 전환되는 것이 입증되었고, 결국 현실에서 원자폭탄이나 원자력 발전이 가능해지게 되었다.

엄밀히 말하자면 질량 불변의 법칙이든 에너지 불변의 법칙이든 더 이상 적용되지 않게 되었지만 '불변의 법칙' 그 자체는 여전히 남아 있다. 1g의 물질이 사라지면 9×10^{20}erg의 에너지가 출현하고 그 반대도 성립되기 때문에 '물질+에너지'의 양은 역시 변하지 않는다는 말이 된다.

여기에 한 가지 중요한 문제가 있다. 측정을 시도할 수 있을 정도의 물질이 사라지고 거대한 에너지가 출현한다는 격한 현상에 대해, 실은 사라진 물질의 양이나 새롭게 발생한 거대한 에너지의 양을 정밀히 측정할 수 없다. 오히려 이론적으로 이끌어낸 비율을 가정해서 현상을 설명하고 있을 뿐이다.

결국 뭔가 불멸의 것, 혹은 일정한 것을 찾아 그것을 사물의 실상이라고 간주하지 않으면 학문으로서 구축할 방법이 없다. 그래서 물질과 에너지의 합을 변하지 않는 것으로 간주한다. 즉 그것을 실상이라고 보기로 했던 것이다. 이 역시 오류일지 모르지만 그것을 통해 원자력 이용이 가능하다면 충분히 만족스러운 결과라고 할 것이다.

현대 과학은 자연계의 실상을 물질과 에너지의 합이라고 파악한다. 그렇게 뒤섞여진 것이 실상이며, 그것이 어떤 경우에는 물질(사물)로 나타나기도 하고 어떤 경우에는 에너지(힘)로 발생되기도 한다. 일반적인 변화, 예를 들어 장작을 태우거나 물이 어는 경우에는 에너지로 전환되는 물질의 양이 너무 미량이기 때문에 질량만으로 불변의 법칙이 성립하는 것처럼 보인다. 그러나 원자가 분열되는 격한 변화에서는 물질의 일부가 사라지고 에너지로 바뀌는 것이 측정할 수 있을 정도의 양이 된다. 하지만 이 경우에도 '물질+에너지'의 양은 변하지 않는다.

이런 식으로 생각하면 원자력만이 특별한 힘이 아니라는 것은 충분히 이해될 것이다. 무게가 있는 사물, 즉 물질과 무게를 달 수 없는 힘, 즉 에너지는 본래 같은 것이다. 정확하게 말하면 그 합이 자연계의 실체라는 발견은 인류 지식의 일대 진보라고 할 수 있다.

이런 것들이 실증적으로 밝혀질 수 있었던 것은 최근의 원자물리학의 커다란 공적이다. 하지만 이런 사고방식은 이전에도 이미 있었다. 19세기 후반 무렵 활약했던 독일의 생물학자 겸 철학자 에른스트 헤켈Ernst Haeckel(1834~1919)은 주요 저서 『우주의 수수께끼Die Welträtsel』에서 그의 일원론을 열심히 설파하고 있다. 그는 우선 생물과 무생물의 일원론을 논한 후, 질량 불변의 법칙과 에너지 불변의 법칙과는 융합해야 하며, 이 양자가 융합한 것이 불변의 것이라고 파악하고 있다. 그것이 우주를 전체적으로 정리한 그의 일원론이다.

불교 쪽에도 물심일여物心一如라는 단어는 아주 오랜 옛날부터 있었다고 한다. 이쪽은 헤켈만큼 확실한 주장은 아니었지만, 뭔가 불변하는 것에서 실체를 추구하며, 그 안에 물(사물)과 심(사물이 아닌 것)을 포함하고 있다는 점에서 헤켈의 사상과 통하는 측면이 있다. 헤켈의 설은 이른바 철학 영역의 것이었지만, 최근의 과학과 신기할 정도로 일치하고 있다. 과학과 철학의 경우 현상을 바라보는 시각이 상당히 다르지만, 뭔가 불변의 것을 추구하려고 하는 인간의 사고방식에는 일맥상통하는 면이 있다고 할 수 있다.

자연과학은 매우 많은 부분으로 나눠져 있지만 크게 두 가지로 분류하면 물리학, 화학 같은 이른바 물질과학과 동물학이나 식물학, 혹은 의학처럼 생명현상을 다루는 과학, 즉 생명과학으로 분류할 수 있나. 이런 분류는 상당히 깊은 의미를 지닌다. 물질과학과 생명과학은 똑같이 자연과학이면서도 서로 상당히 다른 모습을 하고 있다.

그중 물질과학은 대상으로 하고 있는 것이 비교적 단순하다. 따라서 그 안에 존재하는 법칙 역시 비교적 단순하며 동시에 분명하다. 그 때문에 물질과학은 생명과학에 비해 매우 빠르게 진보했다. 생명현상은 이와 달리 무척 복잡하기 마련이다. 심지어 생명이란 것 자체가 가지고 있는 조건만으로는 현상이 결정되지 않고, 외부 조건에 따라 현저히 달라진다. 그처럼 매우 복잡한 것이기 때문에 이 방면은 발달이 지체되었다. 일반적으로 이런 식으로 파악되고 있으며, 사실 그것이 맞는 말이기도 하다.

하지만 여기서 반드시 생각해봐야 할 점이 한 가지 있다. 물질과학이 대상으로 삼는 것이 비교적 단순하다고 해도 실은 그리 간단한 것이 아니라는 점이다. 물질 간의 현상을 지배하고 있는 다양한 법칙을 우리들은 오늘날 온갖 수식의 형태로 아무개의 법칙, 혹은 아무개의 정리라는 지식으로 인지하고 있다. 그런 것들은 대체적으로 매우 간단한 형식을 취하고 있다. 예를 들어 만유인력의 법칙이든 쿨롱의 법칙이든 역제곱 법칙의 형태를 취하며 마지막 형태는 간단한 식으로 정리된다. 하지만 자연현상은 그 법칙 그대로 실제로 일어날까. 결코 그렇지 않다.

가장 간단한 예로, 쇠로 된 구슬을 높은 곳에서 떨어뜨리면 어떻게 떨어지는지에 대해 생각해보자. 아울러 이 문제를 풀 수 있다는 것은 어떤 의미인지에 대해서도 한번 확실히 짚어볼 필요가 있다. 이 경우 법칙이란, 쇠구슬과 지구 사이에 만유인력이 작용해서, 그것이 중력의 형태로 구슬을 지구 쪽으로 끌어당기는 것이다. 중력의 가속도는 물체의 크기나 무게와는 무관하며, 지구 표면 가까운 곳에서는 초속 980cm의 속도가 매초 더 빨라진다. 이렇듯 수식이 정해진 가속도 운동을 한다는 것이 이 현상을 지배하고 있는 법칙이다. 따라서 이 문제를 풀었다는 것은 그 법칙이 완전히 적용된다는 사실을 확인했다는 것이다. 그러기 위해 높이를 알 수 있는 어떤 지점에서 이 쇠구슬을 떨어뜨려본다. 그러면 초속 980cm의 속도에 매초 가속도가 붙으며 점점 빨라지다가 지면에 도달한다. 속도가 더해지는 방식을 꼼꼼히 계산해서 이 법칙 그대로라면 지면에 닿을 때까지 몇 초 걸리는지 알아낼 수 있다. 그리고 실제로 이 구슬을 해당 높이에서 떨어뜨려본다. 그 경우 지금 계산해본 대로 구슬이 지면에 도달한다면 문제가 풀렸고, 이 현상을 완전하게 파악했다고 말한다.

이것은 자연현상 중에서도 가장 간단한 경우다. 고등학교 물리 강의 도입부에서 나올 법한 문제다. 즉 역학의 가장 초보적인 문제인 것이다. 실은 이 문제라도 진정한 의미에서는 풀리지 않은 상태라고 할 수 있다. 왜냐하면 제대로 계산을 한 뒤 구슬을 떨어뜨려봤을 경우, 시간을 매우 정밀하게 재어보면 미리 도출해놓은 계산과 맞지 않기 때문이다. 대부분의 경우 약간 늦어진다. 누구나 알고 있겠지만 공기의 저항 때문이다. 앞서 언급한 중력의 가속도는 공기 저항이 없을 경우에 대한 이야기였다. 실제로는 공기 저항이 있기 때문에 조금 늦어지는 것이 당연하다. "그렇다면 이야기는 간단하다. 공기 저항이 있다면 그 공기 저항에 의한 속도의 감소치만큼 계산해서 빼주면 된다. 그렇게 하면 맞을 것이다"라고 말하는 사람도 있을 것이다. 그런데 그런 보정을 해도 소용이 없다. 물론 조금 전보다는 잘 맞지만, 역시 완벽하게 일치하지 않는다. 왜냐하면 공기의 저항 자체가 매번 다르기 때문이다. 공기의 저항은 온도, 기압, 습도 등 다양한 측면 때문에 항상 다른 법이다. 극히 미량이긴 하지만 때와 장소에 따라서도 항상 다르다. 좀 더 상세히 말하자면 공기의 저항은 그때그때 측정할 때마다 항상 다르기 때문에 앞서 언급했듯이 실험할 때마다 중력의 법칙과 항상 격차가 있다. 엄밀히 말하자면 지구 자체의 자기적 영향력도 있을 것이다. 쇠구슬의 경우 자기장에서는 자기를 띠게 되어 일종의 자석이 되기 때문에 중력 이외에 자력의 영향을 받는다 해도 이상하지 않다. 그런데 그런 것을 충분히 알고 있다면 그 영향을 감안해서 그 부분만 빼면 되지 않느냐고 말할 수도 있다. 하지만 지구의 자기는 시시각각 변하기 마련이다. 그 변화도 완전히 예측 불가능해서 태양의 흑점이 출현하거나 하면 이른바 자기폭풍이 일어난다. 그래서 그런 영향을 미리 계산해두는 것은 엄밀히 말해 불가능하다. 그뿐만 아니라 좀 더 자잘한 이야기지만 다른 천체, 예를 들어 태양이나 달의 영향도 있을 수 있다. 실제로 지구상에서는 바닷물의 밀물과 썰물 현상이 일어나고 있는데 이는 태양과 달의 인력의 결과로 나온 현상이다. 실험에서 쇠구슬을 떨어뜨려볼 경우, 태양이든 달이든, 혹은 거의 제로에 가까울 정도라 해도 이론상으로는 다른 천체가 끼치는 영향까지 충분히 가능할 것이다. 그래서 매우 정확한 시계로 측정했다 치면, 쇠구슬이 떨어진다는 가장 간단한 문제라도 결코 풀었다고는 말할 수 없는 것이다. 실제로 재어본 수치는 이론적으로 계산한 수치와 항상 다르다. 동일한 사람이 동일한 장치를 사용해 동일한 과정을 두 번 실험해봐도 반드시 다른 데이터가 나올 것이다. 만약 나오지 않았다면 실험의 정밀도가 낮은 것이다. 엄밀한 의미에서 동일 조건을 두 번 반복하는 것이 불가능하기 때문이다. 물론 그 차이는 매우 작지만 다른 값이 나오는 것은 사실이다. 실제로 자연계에서 일어나는 현상은 그런 법이다.

하지만 쇠구슬이 떨어진다는 문제의 경우, 99.99% 정도까지는 맞는다. 측정에는 반드시 오차가 동반되기 마련이고, 현재의 과학에서는 이 정도의 정밀도가 한계이므로 이것으로 완전히 맞았다고 해도 좋다. 하지만 이론상으로는 좀 더 정확한 자나 시계를 사용해 실험해보면 반드시 실험의 결과값에 교란이 있을 것이다. 다만 실제로는 그 정도까지 잴 수 없기 때문에 이것으로 문제가 해결됐다고 간주한다. 그래서 중력에 의한 가속도 운동을 일단 인정한 후 그 예상 수치와 다른 부분은 공기의 저항 때문이라고 생각한다. 그 저항이 실험마다 역시 조금씩 다른 것은 저항 자체가 공기의 상태에 의해 변하기 때문이라고 설명하는 것이다.

자연과학은 자연현상의 설명에 이런 방법을 이용하는 학문이다. 매우 정밀히 재어보면 결과는 그때그때의 측정값이 다르다. 하지만 그것을 다른 것이라고 간주하지 않고 실은 동일한 값이 나와야 하는데 여타의 원인 때문에 영향을 받은 거라고 생각한다. 이것이 과학의 근본적인 사고방식이다. 이런 사고방식의 근저에는 제1장에서 기술했던 '재현 가능'의 원칙이 내포되어 있다. 자연계에는 확실한 법칙이 있으며, 동일한 과정을 두 번 반복하면 그 법칙에 따라 동일한 결과가 나오기 마련이다. 만약 이 '재현 가능'이란 것이 불가능하다면 그것은 기타의 방해 요소 때문에 달라졌던 것이다. 이런 시각으로 자연현상을 다루는 것이 자연과학의 근본적 방법이다.

이런 식으로 생각해보면 자연과학에서 다루기 쉬운 문제와 다루기 어려운 문제의 구별은 확연해진다. '재현 가능'한 요소가 강하고 '재현 불가능'한 요소가 적은 문제는 다루기 쉽다. 하지만 그 반대의 경우 좀처럼 다룰 수 없다. 쇠구슬이 떨어진다는 문제의 경우, 99.99% 정도까지 실험치와 이론치가 맞기 때문에 문제를 풀었다고 말해도 무방하다. 이런 식으로 잘 해결된 것은 지구의 중력에 의한 가속도가 크게 작용하고, 공기 저항이나 여타의 방해 요소가 매우 약하게 작용했기 때문이다. 중력은 일정하기 때문에 '재현 가능'한 요소라고 일단 볼 수 있다. 하지만 공기 저항은 변화가 심하고 포착하기 어려운 것이지만 아주 경미한 영향력밖에는 없다. 그래서 이런 문제는 과학에서 다루기 쉬운 것이다.

하지만 똑같이 낙하에 대한 문제라도 해도 그 반대의 경우가 있다. 예를 들어 가벼운 종잇조각 같은 것을 눈높이 정도에서 떨어뜨려보면 단박에 알 수 있다. 몇 번을 떨어뜨려도 종잇조각이 전혀 똑같이 떨어지지 않는다. 종잇조각은 하늘거리다 떨어지는데 그때그때마다 내려가는 방식이 다르다. 누구든 경험을 통해 알고 있을 것이다. 매번 다른 방식은 시간이 0.1초 다르다는 어설픈 이야기가 아니라 오른쪽으로 떨어지는가 싶더니 그다음에는 왼쪽으로 떨어진다는 형국이다. 동일한 현상을 두 번 일으키는 것은 불가능하기 때문에 이런 문제는 과학에서 다루기 어렵다. 이 경우엔 중력 같은 단순한 형태의 요소가 크게 작용하지 않고, 공기의 저항이라는 복잡하고 불안정한 요소가 크게 작용하고 있다. 공기의 운동에는 대부분의 경우 소용돌이가 일어나는데 이것은 매우 불안정하다. 이런 불안정한 요소가 크게 작용하기 때문에 결과도 편차가 매우 심하다.

종잇조각이 동일하게 떨어지는 경우는 결코 없지만, 실은 쇠구슬도 마찬가지다. 원리를 따지자면 양쪽 모두 마찬가지지만 쇠구슬의 경우 '재현 가능'한 요소가 강하고, 불안정하거나 '재현 불가능'한 요소의 영향이 측정의 정밀도보다 작아 측정할 수 없는 것뿐이다. 쇠구슬의 경우 99.99%까지 설명할 수 있기 때문에 그것으로 충분하다고 말할 수도 있다. 하지만 그것은 가까스로 그 정도에서 끝났다는 것일 뿐, 그것이 자연의 진정한 모습이라고는 말할 수 없다.

그러나 자연의 진정한 모습은 영구히 알 수 없는 법이다. 또한 자연계를 지배하는 법칙도 그런 것들이 외계의 어딘가에 감춰져 있어서 그것을 인간이 캐내서 맞춘다는 성질의 것이 아니라는 입장을 취한다면, 이것이 진정한 자연의 모습인 것이다. 자연현상은 매우 복잡하다. 인간의 힘으로 그 전체를 포착할 수 없다. 하지만 복잡한 것들 중에서 과학의 사고 형식에 적합한 측면을 끄집어낸 것이 바로 '법칙'이다. 그러므로 생명현상 등이 포함되지 않는 비교적 간단한 자연현상만으로 국한해도, 현재 우리들이 과학이라고 부르는 것으로는 다룰 수 없는, 혹은 다루기가 매우 곤란한 문제는 얼마든지 있다. 실제로 자연계에서 일어나고 있는 현상 중 생명현상은 물론, 물질 간에 일어나는 간단한 문제라도 엄밀히 말하자면 동일한 일은 두 번다시 일어나지 않는다. 그런 현상에 대해 만약 제반 조건이 완벽히 같다면, 같은 일이 계속 일어날 것이라는 시각을 가지고 접근하는 것이 바로 과학이다. 이 때문에 만약 동일한 결과가 나오지 않았다면 또 다른 원인이 있을 거라며 다시 조사해간다. 이것이 곧 과학적 시각이다. 물론 다른 시각도 가능하다. 진정한 현상은 점점 변화해서 두 번 다시 동일한 상황이 반복되지 않는다는 시각이다. 이것은 역사의 시각이다. 현상을 역사적으로 보느냐, 아니면 과학적으로 보느냐에 따라 근본적인 차이가 있다.

반복해서 말하면 과학의 한계는 '재현 가능'한 문제에 국한되고 있다. 하지만 실은 이 세상에 '재현 가능'한 문제는 없다. '재현 불가능'한 것을 '재현 가능'하다고 보기 위해서는 여기서 든 예를 통해서도 알 수 있듯이 현상을 다양한 요소로 나눠 생각해보는 것이 편리한 방법이다. 공기의 저항 없이 중력만으로 낙하한다면 중력의 가속도로 계산된 빠르기로 떨어질 것이다. 하지만 공기의 저항도 있을 것이므로 그것이 얼마만큼 관여하는지 따로 조사해본다. 공기의 저항은 제법 복잡할 것이므로 상세히 조사해볼 필요가 있다. 물체가 공기 속을 달리는 속도에 따라 저항도 제법 다르다. 천천히 떨어질 경우엔 공기를 가로지를 뿐만 아니라 가로지른 공기가 소용돌이를 일으켜서 저항은 좀 더 커진다. 대포 탄환이라면 공기의 저항은 속도에 의해 심하게 변하기 때문에 저항과 속도와의 관계를 상세히 조사할 필요가 있다. 여기서 탄도학이라는 하나의 학문이 생겨날 정도다. 그리고 지면의 자기에 의한 영향이 있다면 그것은 또 별개의 문제이므로 그것에 대해서만 따로 계산해본다. 즉 쇠구슬이 공기 중에서 떨어지는 현상을 중력의 가속도에 의한 작용, 공기의 저항에 의한 작용, 그리고 지면의 자기적 작용, 혹은 다른 천체의 영향 등 하나하나의 요소로 나누어 조사해본다.

이것이 바로 과학에서 중요한 역할을 하는 분석이다. 분석이란 하나의 연속체의 통합인 자연현상을 인간이 다양한 요소로 나눠 생각하는 행위다. 인간이 나누기 때문에 여기에 인간적 요소가 포함되기 마련이다. 그렇다면 현상을 몇 개인가의 요소로 나눠 하나하나의 요소에 대해 전부 알게 되었을 때, 그것을 전체로서 정리하면 현상은 어떻게 될까. 자연계에서 일어나고 있는 복잡한 현상들을 인간의 머릿속에서 하나하나 분석하고 그 각각에 대해 조사했던 것이 그대로 다시 중첩되어 현상의 전체적 성질을 나타낸다고 할 수 있을까. 알 수 없는 일이다. 하지만 실제로 다루는 것은 각 요소가 중첩된 전체적 현상이기 때문에, 각 요소로 나눠 조사한 지식을 아우른 것이 전체적 성질을 나타낸다고 가정하고 현상을 설명할 수밖에 없다. 그렇게 중첩시켜 만들어가는 것을 종합이라고 한다. 자연과학에서는 분석을 통해 얻어진 지식을 종합해서 전체 현상을 조사하는 방식이 기본적 방법 중 하나를 이루고 있다. 분석과 종합은 그런 의미에서 매우 중요한 방식이다. 하지만 여기에 앞서 언급된 가정이 포함되어 있다. 그래서 이 가정이 정확하게, 혹은 근사적으로 들어맞는 현상은 과학이 다루기 쉬운 문제이며 따라서 과학은 그런 방향으로 발전하는 것이다. 불안정한 현상이나 생명 자체의 문제에는 이런 가정이 근사적으로도 들어맞지 않는다. 그런 문제는 현재의 자연과학으로는 다루기 어려운 문제다. 절대로 다룰 수 없다고는 단정할 수 없지만, 무척이나 다루기 곤란한 문제다. 간단히 말해 현재 상황으로서는 다루기 어려운 문제라고 할 수 있다.

이 시점에서 이런 의문이 생길 것이다. 과학이 그렇게 한정된 것이라면, 그런 것치고는 의외로 나름 진보하고 있다고 평가할 수 있는데, 이것은 도대체 어찌된 영문일까. 자연계의 한정된 측면만 알고 있는 주제에, 어떻게 과학은 오늘날 이처럼 발달해서 인간이 행여 과학의 노예가 되지 않을까 걱정하는 사태에 이른 것일까. 참으로 이상하지 아니한가.

이런 의문이 분명 생길 것이다. 이에 대한 답변은 간단하다. 자연과학이 오늘날처럼 발달해도 여전히 자연 그 자체에 대해서는 한정된 지식만 가지고 있을 뿐이다. 하지만 과학이 유독 강한 쪽의 경우, 그 실력이 매우 신장되어 있다. 그리고 그 방향이 인간의 물질적 욕망과 일치하기 때문에 그 위력이 강하게 느껴지는 것이다.

예를 들어 음속을 훨씬 능가하는 제트 비행기가 완성되었다. 이것은 그 전까지는 자연계에서 존재하지 않았던 대상이다. 새 따위는 도저히 흉내조차 내지 못할 것이다. 비행기에는 매우 강한 공기 저항이 있는데, 그런 문제를 현재의 유체역학이 멋지게 해결해서 초음속 제트기 날개를 설계했다. 그리고 그대로 만들어 날려보았더니 제대로 날 수 있었던 것이다. 그런 점들을 보면 유체역학은 매우 진보한 것처럼 보인다. 하지만 종잇조각 하나가 눈높이 위치에서 지면에 떨어졌을 때 과연 어떤 식으로 떨어지는지 말해보라고 하면, 그에 대해서는 설명할 수 없다. 초음속 제트기 날개까지 만들어지고 있는 상황인데 어째서 종잇조각 하나 떨어지는 문제를 풀 수 없는 것일까. 바로 이 점에 매우 중요한 사실이 존재한다.

제트기처럼 음속 이상의 속도에 이르면 공기를 가르며 날아간다. 보통 비행기라면 공기를 헤치면서 날아가지만 음속 이상이 되면 튕겨나간 공기 분자가 움직이는 속도보다 비행기가 날아가는 속도가 훨씬 빠르기 때문에 공기 분자는 정지하고 있는 것처럼 보인다. 그래서 비행기는 공기를 가르면서 앞으로 날아가게 된다. 이른바 충격파를 만들면서 공기를 가로질러 날아간다. 이 충격파는 슐리렌법Schlierenmethode(빛의 굴절을 이용해 굴절률이 변화하고 있는 위치를 찾아내는 방법-역자 주)이라는 특수한 방법에 의해 사진에도 아름답게 찍힌다. 그리고 그 파동을 만드는 데 필요한 에너지에 대해서도 알고 있다. 그래서 날개나 기체 설계가 가능한 것이다. 하지만 그 와중에 공기 분자가 어떻게 되는지, 분자적 소용돌이가 일어나고 있는지, 그 외에도 이 충격파 안에서 일어나고 있는 다양한 사항들에 대해 우리들은 거의 알지 못한다. 하지만 제트기를 날리는 것쯤은 가능하다. 공기를 잘 가를 수 있는 형태로 만들어주고 나는 데 필요한 강도만 부여해주면 된다. 즉 꼭 필요한 성질만 알면 된다. 그 안에서 분자가 어떤 상태가 되는지는 모르겠지만, 제트기 자체는 날릴 수 있는 것이다. 초음속에서의 공기의 유체역학 현상이 모두 설명된 것은 아니다. 시각에 따라서는 전혀 해명되지 않은 상태라고 말해도 좋을 정도다. 하지만 제트기가 날기 위해 필요한 지식만은 용케 잘 습득되었다. 그 때문에 이런 비행기가 만들어질 수 있었다. 즉 유체의 성질 중에서 과학이 다루기에 적합한 측면의 지식만 필요했기에 문제가 풀렸던 것이다. 자연계 안에는 이처럼 과학에 적합한 측면만 점점 발달해서 실용화에 이른 사례가 많다.

그런데 종잇조각이 떨어지는 현상으로 되돌아오면, 이것은 매우 불안정한 현상이다. 물론 이 경우도 요점은 문제 제기 방식에 있다. 이 때문에 통계적인 의미라면 이야기는 간단하다. 종잇조각은 보통의 돌이나 나뭇조각 따위를 떨어뜨릴 때보다 매우 느린 속도이긴 하지만, 어쨌든 일정한 속도로 아래쪽을 향해 떨어진다. 그리고 어느 정도까지 사방으로 흩어지지만 그렇다고 그렇게 멀리까지는 가지 않는다. 물론 바람이 없는 경우의 이야기이다. 그러나 사방 1m 안에는 반드시 떨어진다. 몇 번이고 반복해서 해 보면 한가운데 가까운 지점으로 떨어지는 경우가 많고 멀리까지 가는 경우는 적다. 그런 것이라면 금방 알 수 있다. 하지만 종잇조각 하나에 대해 그것이 하늘거리며 떨어져가는 방식을 말해보라고 하면, 이것은 매우 곤란한 질문이다. 하물며 텔레비전 탑 꼭대기에서 종잇조각 하나를 떨어뜨렸을 경우 그것이 어디로 날아갈지는 현대 과학이 아무리 진보해도 풀 수 없는 문제라고 말하는 편이 빠를 것이다. '아무리 진보해도'라는 단서를 단 것은 다소 지나친 표현일지도 모르지만, 적어도 화성에 날아갈 수 있는 날이 와도, 텔레비전 탑에서 떨어진 종잇조각이 어디로 갈지 예언할 수 없음은 분명하다.

종잇조각이 떨어지는 방식이 어째서 어려운 문제일까. 매우 불안정한 운동이기 때문이다. 자잘한 영향 때문에 여기저기로 흩날리기 때문에 그런 불안정한 조건하에서의 운동이라는 현상은 현재의 과학으로는 다루기 어려운 문제다. 물론 이런 질문도 나올 것이다. '아직 절실한 필요성이 없기 때문에 아무도 굳이 건드리지 않을 뿐이다. 만약 종잇조각이 하늘거리는 방식을 알지 못하면 인간이 앞으로 절대 살아갈 수 없는 상태가 된다면, 머지않아 이런 문제도 풀 수 있지 않을까?' 그러나 필자는 정부가 그 문제에 엄청난 돈을 쏟아 붓고 수백 명의 학자를 불러 모아도 이 문제는 결코 풀 수 없을 거라고 생각한다. 인공위성을 쏘아 올리거나 후지산을 다 갈아엎거나 스루가만駿河湾(후 지산과 가까운 태평양 연안 시즈오카현에 있는 만-역자 주)을 다 메우 는 일의 어려움과는 다른 차원의 어려움이다.

현재의 유체역학에 아무리 박식하다고 해도 이 문제는 풀 수 없을 것이다. 그 이유는 유체역학은 매우 발달되고 있지만, 일반적으로 점성이 없다는 전제로 대부분의 문제 를 풀고 있기 때문이다. 어떤 기체에도 점성이란 것이 있 긴 하지만, 점성을 고려하기 시작하면 매우 간단한 경우 만 해결할 수 있다. 특히 점성 때문에 소용돌이가 만들어 지기 시작하면 이야기는 매우 골치 아파진다. 대기 중에 는 바람이 조금이라도 불면 작은 소용돌이가 무수히 만들 어진다. 그 크기나 분포 형태도 완전히 예측불허다. 소용 돌이는 중심을 따라 회전하기 때문에 중심의 양측은 그 움 직임이 반대가 된다. 즉 불연속성이 존재한다. 유체의 부 분적 속도 차이가 어떤 수치 이상에 이르면 유체가 찢어지 면서 소용돌이가 만들어진다. 소용돌이가 만들어지는지 의 여부는 연필을 구부러뜨렸을 때 꺾일지의 여부에 상당 한다. 연필이 휘어지는 대목은 문제가 간단하지만 꺾여버리면 휘는 것과는 상당한 차이가 있다. 휘게 하는 데는 힘이 필요하지만 꺾여버리면 힘은 0이 된다. 미묘한 차이 때문에 갑작스레 불연속해진다. 종잇조각은 그런 대기의 불연속적인 성질에 의해 오른쪽으로, 혹은 왼쪽으로 하늘거리며 내려앉는다. 오른쪽으로 갈지, 혹은 왼쪽으로 갈지, 이는 미묘한 차이에 의해 완전히 반대가 된다. 이런 소용돌이가 무수하고, 크기나 형태도 제각각이며, 심지어 시시각각 변화하기 때문에 완전히 예측불허다. 불연속적인 성질이 매우 강하며, 불안정한 문제는 현재의 과학으로는 다룰 수 없다. 매우 많은 소용돌이가 있는 경우 전체적인 성질은 과학적으로 다룰 수 있지만, 그중의 하나를 쫓는 것이라면 불가능하다.

이런 점을 고려해볼 때 인공위성 등은 과학에 가장 적합한 문제라고 할 수 있다. 인공위성은 어째서 떨어지지 않을까. 자주 그런 질문을 받는데, 이는 떨어지지 않는 것이 아니라 계속 떨어지고 있기 때문에 지구 주위를 돌고 있는 것이다. 만약 떨어지지 않는다면 인공위성은 A, B방향으로 날아가버릴 것이다. 하지만 C까지 가는 사이에 C, D의 거리만큼 지구로 향해 떨어지기 때문으로 D로 온다. 이

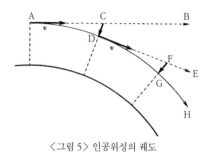

<그림 5> 인공위성의 궤도

하 마찬가지로 G, H의 길을 따라 지구 주변을 도는 것이다. C, D의 거리는 지구 인력을 통해 계산 가능하기 때문에 그것을 예측하면서 인공위성이 일정한 높이를 유지할 수 있도록 최초 속도만 부여해주면 된다. 그래서 어느 정도 높이와 어느 정도의 속도를 부여해줘야 인공위성이 되는지, 뉴턴이 살던 시절부터 익히 알고 있었던 것이다. 지구가 사과에 끼치는 힘이나 달에게 미치는 힘이 결국 같은 힘이라는 사실을 알게 된 순간, 인공위성의 원리는 확립되었다. 물론 그 정도의 초고속을 얻을 수 있게 된 것은 보통 일이 아니다. 또한 치밀한 시간 조정을 필요로 하는 자동 장치를 제작하는 것도 매우 어려운 일이었을 것이다. 그 것을 이뤄냈다는 점에서 위대한 사업이라고 할 수 있다.

하지만 그것은 기술적 어려움을 정복했다는 말일 뿐이다. 텔레비전 탑 위에서 떨어진 종잇조각의 행방을 예측하는 것과는 어려움의 질이 다르다.

화성에 갈 수 있는 날이 와도 높은 곳에서 떨어진 종잇조각이 어디로 향할지 알 수 없다는 점에, 과학의 위대함과 그 한계가 존재한다.

최근 들어 생명과 관련된 다양한 과학, 예를 들어 생물학, 의학, 생화학 등이 매우 발전하고 있기 때문에 머지않아 생명현상이 과학적으로 모조리 해명될 날이 올 거라고 믿는 사람들이 있다. 물론 모든 사람들이 그렇게 믿고 있는 것은 아니지만, 그런 식으로 믿고 있는 사람들이 제법 되는 듯하다. 이 경우 주의해야 할 점이 있다. 과학이 계속 진보한다면 생명과학의 전부를 해명할 수 있을 거라고 할 때, 바로 그 '전부'라는 단어의 해석에 대해서다. 현재 우리들이 다루고 있는 과학은 인간의 두뇌 작용 중 일부분에 불과하다. 자연현상에 대한 법칙은 자연계 안에서 과학적 사고 형식으로 추출해낸 법칙이다. 과학이 지금 이대로의 형태로 장래에 매우 진보한다고 해서 생명현상이 전부 해명될 수 있을까. 그 점에 대해서는 매우 의문스럽다.

이와 관련해 알렉산드르 이바노비치 오파린Aleksandr Iva-novich Oparin(1894~1980)의 『생명의 기원』이 많은 사람들의 주목을 받았다. 여러 학설이 나왔지만 머지않아 생명의 기원에 대해 해명될 날이 올 거라는 이야기도 들린다. 이것은 다윈 시절부터 회자되던 이야기지만, 우리 인간들이나 개, 새 같은 고등동물들은 당연히 생명을 가지고 있다.

물론 하등동물도 생명을 지니고 있다. 더더욱 하등해서 이른바 단세포 생명, 박테리아 같은 것이라도 제각각 생명을 가지고 있다. 그리고 마지막으로 바이러스 같은 것에도 생명이 있다. 바이러스는 생명을 가진 것들 중 가장 단순한 모습이라고 일컬어지고 있다. 바이러스는 다양한 생물의 체내에 들어가 번식하거나 독작용을 일으킨다. 번식한다는 것은 생명이 가진 특질 중 하나다. 하지만 한편으로 이런 바이러스는 대부분 단백질이다. 이것은 결정으로도 추출이 가능하다. 즉 여러 기관들은 전혀 가지고 있지 않다. 단백질은 아직까지 생명의 힘으로만 만들어진다. 생물과 매우 밀접한 관계를 가지고 있지만, 생물 그 자체는 아니다.

이런 식으로 생명을 고등동물에서 하등동물에 이르기까지 추적해가다 단백질과 흡사한 바이러스까지 왔다. 한편 무생물은 어떨까. 돌이나 흙은 무생물의 대표적인 존재이다. 그 외에 물이나 공기, 다양한 화학약품 같은 것도 생명현상과는 무관한 것으로 그런 것들을 다루는 화학은 무기화학이라고 불린다. 한편 생물의 몸을 이루는 다양한 화합물이나 나무, 혹은 생물이 만들어낸 것들은 유기물이라고 불린다. 과거에는 유기물이란 무기물을 통해 만들 수 없으며, 바로 그 점에 생명의 경계가 있다고 생각되었다. 그래서 유기화학이라는 말도 생겨났던 것이다. 그런데 인간이나 동물의 몸을 통해 생긴 요소尿素가 무기물을 통해 합성되자 이런 경계는 제거되었다. 그 후 유기화학이 매우 발달하면서 오늘날에는 매우 고급의, 예를 들어 비타민이나 페니실린 등의 항생물질도 인간의 힘으로 합성할 수 있게 되었다. 이런 속도로 화학이 진보해간다면 마침내 단백질, 그것도 생명의 몸을 이루는 고급 단백질을 만들 수 있게 될 것이다. 한편 바이러스와 일반적인 단백질은 종이 한 장의 차이밖에는 없다. 그렇다면 결국 생물과 무생물 사이가 이어진다는 말이 되기 때문에, 여기서 생명의 기원을 알 수 있게 될 거라고 생각되고 있다.

하지만 이것도 실은 상당히 어려운 일이지 않을까 싶다. 단백질이 만들어져도 그 단백질이 스스로 분열하거나 번식하지 않는 한 생명이 만들어졌다고는 말할 수 없다. 스스로 분열하거나, 번식하거나, 외계로부터 영양분을 섭취하는 단백질을 합성하는 것은 가능성이 절대로 없다고는 말할 수 없겠지만, 무척이나 어려운 일임에는 틀림없을 것이다.

가능성이 전혀 없다고는 말할 수 없는 이유, 그것은 지구의 역사를 돌아보면 알 수 있다. 지구가 과거 불덩어리였는지 아닌지 알 수 없으나, 어쨌든 생명이 없었다는 것만은 분명하다. 하지만 현재는 생명이 있다. 그게 언제인지는 몰라도, 어떤 시기에 무기물에서 생명이 탄생해 결국 오늘날처럼 다양한 생물들이 지구상에 살게 된 것이다. 그런 측면에서 보자면, 생명이 무기물에서 만들어졌다는 것은 당연히 생각해볼 수 있다. 하지만 현재 이른바 생명과학이라고 일컬어지는 것은 파스퇴르의 유명한 말 "모든 생명은 생명에서만 유래한다"를 공리로 삼고 있다. 옛날에는 부패를 일으키는 곰팡이 균은 유기물이 썩으면 자연히 발생되는 것이라고 간주되었다. 그런데 파스퇴르는 이를 부정했다. 아무리 하등한 박테리아 같은 것도 반드시 생명 안에서 태어난다는 점을 밝혀냈던 것이다. 이것은 생명과학 입장에서 물리학의 질량 불변의 법칙이나 에너지 불변의 법칙에 해당되는 중요한 사항이다. 현재의 생명과학 관련 제 학문들은 이를 바탕에 두고 출발했기 때문이다.

현재의 다양한 생명과학은 모두 이 공리를 토대로 하고 있으며, 그것에 딱히 오류가 없기 때문에 통조림 같은 것도 만들어지게 되었다. 일단 한번 죽어버리면 영원히 부패되지 않는다. 변질은 되지만 일반적인 의미에서의 부패는 진행되지 않는다. 다양한 실험을 통해 일단 한번 살균해버리면 박테리아가 다시 생겨나지는 않는다는 사실이 확인되었다. 따라서 무생물에서 생물이 태어나지는 않는다는 말이 될 것이다. '무기물에서 생명이 탄생했다는 것', '모든 생명은 생명에서만 유래한다는 것', 이 모순된 두 가지 견해를 조화롭게 만들 하나의 길은 무엇일까. 바로 태곳적과 오늘날은 조건이 서로 다르다는 사고방식이다. 현재 지구상에서 행해진 다양한 실험들의 조건과는 다른 조건이 태곳적에는 있었기에, 그 조건하에서라면 무생물에서 생명이 잉태될 수 있었을 거라는 사고방식이다. 굳이 말하자면 상식론이지만, 현재로서는 그런 식으로 생각할 수밖에 없는 상태다. 그렇다면 태곳적, 생명이 잉태되었을 무렵의 조건을 알 수만 있다면 향후 생명을 충분히 만들 수 있다는 게 된다. 생명의 기원이 판명되게 되는 것이다.

하지만 만약 그것이 가능하다 해도, 그것으로 생명현상

을 전부 알 수 있게 되었다고는 말할 수 없다. 증식하는 단백질이 설령 인공적으로 만들어진다 해도, 그것은 그런 단백질이 만들어졌다는 사실일 뿐 생명현상 자체를 완벽히 이해했음을 의미하지는 않는다. 우리들이 보통 말하는 생명현상이란 또 다른 차원의 이야기이기 때문이다.

그에 대해서는 줄리언 헉슬리Sir Julian Huxley(1887~1975)의 유명한 책이 있는데 매우 참고가 될 것이다. 『죽음이란 무엇인가』라는 제목으로 한참 전 이와나미신서로 출간된 바 있는 책이다. 데라다 선생님이 매우 탄복하시며 "인생론에 대해 논하려는 사내가 만약 이 책을 읽지 않았다면, 참으로 우스꽝스러운 노릇일 것이다"라는 의미의 말씀을 하셨을 정도의 책이다. 이 책에 무척이나 흥미로운 예가 나온다. 예를 들어 어떤 인간이 죽었다는 가장 명료한 일이 의외로 이해가 잘 안 된다. 여기에 스미스 씨라는 사람이 있는데 그 사람이 죽었다는 것은 신문에 사망 광고를 내고 장례식을 치르면 그것으로 끝이다. 그것만이라면 간단한 이야기지만, 스미스 씨가 죽었다고 말할 때, 도대체 무엇이 죽었는지를 생각해보면 이해가 안 되는 내용이 나온다. 인간의 몸은 세포로 만들어져 있기 때문에 그 세포가 죽은 것이라면 이야기는 분명하다. 하지만 스미스 씨는 때때로 머리를 자르기도 하고 이를 뽑기도 할 것이다. 혹은 손톱을 자르기도 한다. 그 때문에 스미스 씨의 세포 일부분은 항상 죽어가고 있다. 목욕을 하면서 때를 닦아내는 것도 죽은 세포를 제거하는 것이다. 인간이 살아간다는 것은 온갖 세포들이 모인 형태로 살아가고 있는 것인데, 그런 세포 중 일부는 항상 죽어가고 있다. 그렇다면 스미스 씨는 부분적으로 항상 죽어가고 있다는 말이 된다. 일부에 불과하므로 문제 삼을 필요까지는 없으니, 스미스 씨가 죽는다는 것은 그 세포들 전부가 모조리 죽었을 때를 말한다고 표현될지도 모른다. 하지만 이때도 스미스 씨의 몸을 이루던 세포들 모두가 죽는 것은 아니다. 스미스 씨에게 자식이 있다면, 스미스 씨의 세포 하나는 그 자식 안에서 계속 살아 있기 때문이다. 그러므로 스미스 씨가 죽는다는 것이 무엇을 뜻하지는 점점 알 수 없게 된다.

스미스 씨의 몸을 이루는 대부분의 세포들은 죽는 것이며, 자식이라고는 해도 정자 중 하나가 살아남았을 뿐이기 때문에 너무나 적은 부분이라고 말할 수도 없다. 양의 많고 적음으로 생명현상의 본질을 논할 수는 없기 때문이다. 스미스 씨의 몸을 이루는 세포들의 몇 퍼센트까지 죽었을 때 스미스 씨가 죽었다고 친다는 것도 이상하다. 결국 스미시 씨가 죽는다는 것은 스미스 씨라는 한 사람의 개인을 이루는 체형, 즉 모르프morph가 죽는 것이며 세포가 죽는 것과는 별개라고 할 수 있다. 인간의 경우 스미스 씨가 죽고 자식은 다른 사람이 된다. 스미스 씨와 이 아이는 세포에 의해 이어져 있긴 하지만, 인간으로서는 별개의 사람, 즉 모르프가 다르다. 그래서 스미스 씨가 죽는다는 것을 그 모르프가 죽는 것이라고 생각하면, 가까스로 이야기가 정리된다. 그런데 하등동물 중에는 모르프는 변하지만 대부분의 세포가 계속 남아 있는 것이 있다. 인간의 경우라면 스미스 씨가 이발을 하고 목욕을 한 뒤 다른 사람이 되었다는 말이다. 이런 경우 이전의 스미스 씨는 없어진 것이지만, 죽었다고 말할 수도 없다. 이 때문에 모르프가 죽었다고 하는 것이 가장 정확하다. 그것은 곤봉멍게 Clavelina라는 동물로, 헉슬리의 이 책에 상세히 설명되어 있다. 매우 흥미로운 예이므로 소개하겠다.

북쪽 바다에 가면 멍게라는 동물이 잘 잡혀 식용으로 쓰이기도 하는데, 그 비슷한 종류 중 곤봉멍게라는 것이 있다. 멍게는 척추동물과 무척추동물의 중간에 있는 생물로, 동물학적으로도 흥미로운 대상이다. 하등동물이지만 제법 급이 높아서 다양한 기관들도 갖추고 있다. 움직이지 않고 바위에 착 달라붙어 사는 바닷속 동물인데, 길이는 5cm 정도다. 움직이지는 않지만 위장, 심장, 신경기관도 있다. 심지어 아가미까지 있어서 물을 빨아들이고 호흡도 한다. 즉 순환기, 소화기, 호흡기, 신경까지 나름 제법 갖추고 있는 고등동물인 것이다.

수조 안에서 이 곤봉멍게를 기르며 다양한 실험을 해보는데, 그때 물을 갈아주지 않고 그대로 두면 점점 퇴화되면서 내장 여러 기관들이 모두 없어져버린다. 그리고 원형질 덩어리처럼 되어버린다. 그런데 거기에 다시 새 물을 부어주면 빠르게 회복된다. 위축되어 있던 것이 다시 뻗어나가며 원래대로 다양한 내장기관을 가진 생명체로 바뀐다. 이 경우 이전의 곤봉멍게가 죽었다고는 말할 수 없다. 위축되어 있던 것이 다시 뻗어난 것이므로 죽었다는 말은 해당되지 않는다. 줄어들기 이전이나 이후나 생명이 계속 이어지고 있었기 때문이다. 그런데 이번에 새롭게 태어난 것은 이전의 곤봉멍게와는 모르프가 달라졌다. 아가미의 숫자나 크기, 그 구조도 이전과 조금 다르다. 즉 다른 곤봉멍게가 되어버린 것이다.

이 상황을 인간의 경우로 치환해보면 매우 신기한 현상이 된다. 스미스 씨가 병마에 시달리는 동안 점점 몸이 작아지며 투명해지더니 여러 기관들이 모두 보이지 않게 된다. 그런데 그 병이 다 낫게 되자 몸이 다시 커져서 여러 기관들도 다시 생겨나기 시작한다. 그리고 원래대로 다시 인간이 되었다. 그런데 그 사람은 스미스 씨가 아니라 다른 사람이 되어버렸다. 이런 경우라면 모르프는 죽어버렸지만 생명은 그대로 이어진 것이 된다. 스미스 씨가 죽었다는 것은 모르프니 뭐니, 골치 아픈 단어를 쓰지 않아도 뻔한 일이지 않느냐고 생각하는 사람도 있을지 모른다. 하지만 이런 예를 보면 그런 단어가 필요한 이유를 이해할 수도 있을 것이다. 이런 식으로 생각해보면 죽는다는 것만 해도 우리들이 일반적으로 생각하고 있는 간단한 현상이 아니라는 사실을 이해할 수 있을 것이다. 이 경우 멍게와 인간을 동일선상에 놓고 생각하는 것이 오류라고 말할 수 없기 때문에, 멍게보다 한참 낮은 바이러스의 생명까지 인간의 생명과 함께 다루며 '무생물과 생명과의 이어

짐' 등을 논하고 있는 것이다 .

　그러므로 살아 있는 세포를 인공적으로 만들 수 있는 날
이 설령 온다 해도, 생명현상을 완벽히 파악했다고는 쉽사
리 말할 수 없다. 현재의 물질과학에서는 앞서 언급했던
것처럼 방법이 몇 가지 정해져 있다. 사고 형식에 틀이 있
으며, 그중 가장 기본적인 방법은 현상을 나눠 하나하나의
요소에 대해 조사하고 그것을 종합해서 전체의 성질을 파
악하는 것이다. 이런 분석 없이는 아무것도 측정할 수 없
다. 앞서 언급했던 것처럼 쇠구슬 낙하와 같은 가장 간단
한 현상조차 해명이 불가능하다. 각 요소로 나눠 하나하
나에 대해 조사해야 비로소 정확한 지식을 얻을 수 있다.
과학에는 분석과 종합이라는 것이 반드시 필요한데, 이는
분석해서 조사한 하나하나의 요소에 대한 법칙이, 그것들
을 하나로 모았을 때 그대로 잘 맞아떨어져, 전체의 성질
을 그것으로 설명할 수 있는 경우에만 적용될 수 있다. 물
질과학에는 이런 근본적 가정이 적용되는 문제가 많다.
오히려 자연현상 중 이 방법이 적용되는 측면을 뽑아내서
대상으로 삼고 있다고 표현하는 편이 나을지도 모르겠다.

　그런데 생명과학에서는 지금 언급한 모르프 같은 문제

를 굳이 거론할 필요도 없이, 간단한 현상이라도 분석과 종합이라는 방법이 불가능한 경우가 무척 많다. 하나하나의 요소에 대해 다양한 법칙을 조사해 각 요소별로 전반적 지식을 얻어 그것을 종합해도, 전체의 성질을 알 수 없는 경우가 많다. 인간의 몸의 경우, 위장이나 간장, 췌장까지 알았다 해도 실은 여전히 알지 못하는 것이 많다고 한다. 심지어 그런 것들조차 모조리 파악했다고 해도 모든 지식들을 전부 합친 것이 인간의 생명에 대한 전면적 해명에 반드시 도움이 되지는 않는다. 물론 도움이 되는 측면이 없지는 않다. 의학의 진보에 의해 평균수명이 대폭 늘었다는 것은 그런 지식들이 유용하다는 증거다. 하지만 그것은 분석과 종합이라는 방법이 적용되는 측면에서 유용하다는 것에 불과하다. 그렇지 않은 측면에서는 도무지 알 수 없다. 따라서 현재 생명에 관한 여러 방면의 연구가 진행되고 있지만, 결국 분석과 종합에 의해 성질이 바뀌지 않는 현상에 대한 연구가 특히 빠른 속도로 발전하고 있다. 이른바 물리화학적 분야의 현상들이다. 생물이 행하고 있는 물리화학적 현상에 대해서는 매우 잘 해명이 되고 있는 것이다. 예를 들어 성게 알이 수정해서 분열하는 대

목 등은 영화에도 자주 나와서 감탄해 마지않고 있다. 내
장의 역할도 이젠 대부분 파악할 수 있게 되었다고 한다.
곤충의 변태도 실은 참으로 오묘한 현상이다. 번데기가
나방이 되는 것은 다른 형태가 되는 것이다. 그런 신기한
현상도 호르몬 연구가 진보되어 대부분 해명되고 있다고
한다.

하지만 잘 생각해보면 결국 생물이 영위하고 있는 현상
중에 물리화학적 현상에 대해서 특히 잘 알게 된 것이다.
일반적인 물질과학에서 물질 간에 작용하는 힘은 기계력
이나 전력이나 자기력(자력)이다. 그런 힘에 의해 물리화
학적 현상이 이뤄지고 있다. 그런데 생명과학에서는 그런
힘 외에 생명의 힘에 의해 다양한 현상이 일어나고 있다.
즉 생명의 힘으로 발생된 물리화학적 현상이라는 방면에
서 생명과학은 현저한 진보를 보인다. 이것은 과학의 본
질상 당연한 결과다. 따라서 지금과 같은 형식을 가진 과
학의 힘으로 모든 생명현상을 완벽히 파악하지 못한다 해
도 전혀 이상할 것이 없다.

이런 식으로 말하면 물질과학과 생명과학이 본질적으
로 과연 다른 것인지 의문이 제기될지도 모른다. 실은 본

질적으로 다르지 않고, 그저 문제 제기 방식이 다르다는 시각도 가능하다. 즉 핵심은 문제 제기 방식에 있는 것이다. 예를 들어 인간의 생명이란 생명과학 중에서도 가장 복잡한 것인데, 시각에 따라서는 매우 간단히 알 수 있는 것이다. 적어도 간단히 계산이 가능하다. 일본 전체에서 1년간 죽는 사람의 숫자가 연령층에 따라 어떻게 다른지, 간단히 조사가 가능하다. 어느 정도 연령층의 사람이 1년 동안 어느 정도 죽는지 간단히 계산할 수 있다. 그런 계산이 가능하기 때문에 생명보험회사는 계산에 따라 보험료를 책정해서 회사 경영이 성립된다. 사실 대부분 보험회사에서 조사한 추정치대로 죽는다. 그러므로 통계적 의미에서 인간의 수명은 간단히 계산할 수 있다.

하지만 이것은 어디까지나 통계적인 이야기다. 개개인에 대해서는 결코 알 수 없는 노릇이다. 그럼 정말 곤란하다고 말하는 사람이 있을지도 모르지만, 그런 점에서는 물질과학과 다를 바가 없다. 우리들이 미처 인식하지 못할 뿐 생각해보면 완전히 같은 이야기다. 예를 들어 전자가 진공상태에서 어떤 식으로 달리는지, 실은 완벽히 파악하지 못하고 있다. 전기장이 있거나 자기장이 있으면 전자가 흐르는 방향이 변하거나 속도가 변한다. 그리고 여러 운동을 하는데 그 흐름이 어디로 갈지만 예상할 수 있다. 이런 방향에 대해 계산해서 그에 따라 전자공학 관련 기계를 설계한다. 예를 들어 텔레비전도 전자의 흐름이 진공관의 벽을 때리기 때문에 우리 눈에 보이는 것이다. 그런데 그렇게 설계해보니 정말로 영상이 전달되었다. 그래서 전자의 흐름이라는 것에 대해 모조리 파악한 것처럼 일반인들에게는 생각되는 것이다.

전자현미경 같은 것도 대표적인 예로, 전자의 흐름을 자유자재로 지배하고 있다. 적당히 축소·확대하거나, 초점을 모으게 하면서 몇만 배라는 배율의 현미경을 만들고 있다. 매우 정밀한 계산이 필요한데, 전자의 흐름이 그 계산대로 움직여줘서 멋진 전자현미경 사진을 찍을 수 있다. 그런 의미에서 전자의 흐름은 매우 잘 파악되고 있어서 아무런 의심의 여지가 없는 것처럼 보인다. 하지만 전자현미경 속, 혹은 텔레비전 튜브 속에서 하나하나의 전자가 어떻게 움직이는지는 전혀 알 수 없다. 그런 것들은 일단 알 필요도 없을지 모른다. 전자의 흐름 전체에 대해서만 알고 있으면 텔레비전도 볼 수 있고 전자현미경 사진도 찍을 수 있다. 하나하나의 전자가 어떻게 움직이는지 굳이 파악하지 않아도 기계 설계가 가능하며 학문적 성과도 축적할 수 있다. 그것으로 충분하지 않느냐는 사고도 가능하다. 과학의 본질이 그런 것이라면 이것으로 전자가 어떻게 흐르는지 그 실체를 파악했다고 해도 무방하다. 하지만 이 시점에서 각도는 조금 다르지만 앞서 나왔던 생명보험회사의 이야기가 다시 떠오른다. 생명보험회사에서 올해는 몇 살 이상의 사람이 어느 정도 죽을 것이며 몇 살 이하는 어느 정도 죽을 거라는 식으로 계산했는데, 실제로 대략 그 숫자대로 죽는다. 이를 근거로 보험료를 적절히 책정할 수 있었고 적당한 이익을 남길 수도 있었다. 계산대로 진행되어 생명보험회사의 사업이 성립된다는 의미에서 인간의 생명은 완전히 파악되었다고 생각해도 좋다. 결국 그것과 마찬가지다. 생명현상은 매우 복잡해서 도저히 완벽히 파악할 수 없다고 한다. 실은 물질과학도 마찬가지여서 완벽히 파악하지 못한다. 핵심은 문제 제기 방식에 있기 때문이다. 물질과학과 생명과학에서는 대부분의 경우 문제 제기 방식이 다르다. 생명과학의 경우, 예를들어 전자 하나하나의 운동을 조사하는 경우가 많기 때문에 무척 어려워지는 것이다.

문제 제기 방식이란 물론 인간이 문제를 내는 것이다. 그래서 자연과학이라고 해도 결국 자연에 대한 과학에서 그치는 것이 아니라 인간과 연계되어 존재하는 학문인 것이다. 자연은 이루 말할 수 없이 광활해서, 그중 과학의 방법에 적합한 현상을 뽑아내서 조사한다. 그래서 그런 방법에 적합한 측면이 특히 발전한다. 이런 사고방식으로 바라본다면, 생명과학 역시 생명의 힘에 의해 생겨나는 물리화학적 현상에 대한 연구 분야에서 더욱 발전한 것은 과학의 본질상 당연한 일일 것이다.

제7장
과학과 수학

자연과학은 인간과의 관련성에서 생긴 것이지만 어쨌든 자연계에서 일어나고 있는 현상, 혹은 자연계의 실체를 대상으로 한 학문이다. 하지만 수학은 그야말로 '숫자'에 대한 학문이나. '숫자'는 자연계에 존재하지 않는다. 인간이 추상적으로 만들어낸 개념이기 때문이다. 굳이 표현하자면 인간의 두뇌로 만들어낸 것이다. 인간의 두뇌로 만들어낸 수학과 자연현상은 여러모로 깊이 이어지고 있다. 현대 과학은 수학을 많이 활용한다. 수학 없이는 현대 과학이 성립되지 않을 정도다. 그렇다면 인간의 두뇌로 만든 수학과 자연계에서 일어나는 현상 사이에 어째서 그런 연관성이 있는 것일까. 자연스럽게 드는 의문일 것이다. 아울러 수학이 과학 안에서 광범위하게 사용되고 있는데, 그것은 어떤 역할을 하고 있을까. 음미해볼 만한 문제다.

우선 우리들이 외계에 있는 사물을 볼 때, 사물에는 크기나 형태가 있을 것이다. 크기와 형태는 사물의 두 가지 중요한 요소라고 할 수 있다. 그중에서 형태는 기존의 과학에서 그다지 문제되지 않았다. 하지만 형태를 연구하기 위해서는 수학이 필요하다. 근년에는 이 방면의 수학도 제법 진보하고 있지만 숫자를 다루는 수학, 즉 우리들이 일반적으로 수학이라고 부르는 학문 전체 중에서는 매우 뒤처져 있다. 아울러 현재로서는 다룰 수 있는 범위도 매우 한정되어 있다. 그래서 사물의 형태 쪽은 지금까지 그다지 과학에서 문제가 되지 않았던 것이다. 제11장에서 다시 이 점에 대해 검토해볼 예정이지만, 여기서는 우선 크기의 문제에 대해 다뤄보기로 하겠다.

사물의 양을 다루기 위해서는 앞서 언급했던 것처럼 동일한 성질을 가진 일정한 크기, 즉 단위를 사용해 그 단위의 몇 배인지 측정해본다. 단위의 기본은 길이, 질량, 시간 단위다. 각각 센티미터centimeter, 그램gram, 초second를 쓰고 있다. 이것을 cgs 단위라고 부른다. 물리학의 경우 별다른 언급이 없으면 일단 이 cgs 단위라고 생각해도 무방하다. 그런데 단위의 몇 배라고 말할 경우, 이 '몇'이라는 것이 '수'다. 따라서 단위를 결정한 후 어떤 것의 크기를 측정한다는 것은, 양을 숫자로 나타내는 것을 말한다. 수는 매우 편리하다. 어떤 현상을 숫자로 나타낼 수 있으면 수학을 이용해 그 숫자를 다룰 수 있다. 다른 표현으로 말하자면 수학의 힘을 빌려 사고를 심화시킬 수 있다. 단위를 써서 측정함으로써 '수'라는 성질을 자연현상에서 뽑아내고, 그것을 인간의 두뇌로 정리해갈 수 있는 것이다.

가장 간단한 예를 들자면 아이가 세 사람 있을 경우 3이라고 말할 수는 없다. 3이라고 하면 벌써 숫자가 나와버린다. 여기에 철수, 민수, 영희가 있다. 이 경우 수라는 개념을 도입하지 않으면 어디까지나 철수, 민수, 영희다. 밀감과 사과라면 어떨까. 이것은 밀감과 사과다, 2라고 해도 무엇이 2냐고 하면 곤란해진다. 하지만 이 경우 철수를 하나의 수, 민수도 하나의 수, 영희도 하나의 수로 바꾸면 전체는 세 사람이 된다. 여기서 비로소 세 사람이라는 단어가 만들어진다. 세 사람이라는 사실을 알게 되면 간단해진다. 두 사람, 이번엔 현수와 또 한 명의 아이가 있다고 치면 세 사람과 두 사람이므로 다섯 사람이라는 것을 알 수 있다. 그러면 모든 아이들의 식사를 위해 5인분을 준비하면 되기 때문에 편리하다. 일일이 철수의 식사, 영희의 식사라고 말할 필요가 없어진다.

이야기를 좀 더 분명히 표현하기 위해 물리학의 일례를 들어보자. 물리학에는 수많은 법칙이 있다. 예를 들어 뉴턴의 제1법칙, 제2법칙, 전기의 경우엔 쿨롱의 법칙 외에도 다양한 법칙이 있다. 그런 법칙들은 대부분 수식의 형태로 적혀 있다. 잘 생각해보면 상당히 깊은 의미가 있다.

가장 좋은 예는 정전기 현상에 적용되는 쿨롱의 법칙이다. 이것은 중학교 이과 과목에서도 가르치는 법칙으로 그리 어렵지 않지만 진정한 의미를 파악하기 위해서는 다소 설명이 필요하다. 쿨롱의 법칙은 전기를 지닌 물체, 이른바 대전체가 두 개 있을 경우 두 대전체 사이에 작용하는 힘을 규정한 법칙이다. 그 힘은 두 물체가 가지고 있는 전기량의 곱에 비례한다. 전기량의 곱이 2배가 되면 2배의 힘이 작용한다. 아울러 두 물체 간의 거리와도 관련이 있어서 멀리 떨어질수록 그 힘은 약해진다. 즉 거리의 제곱에 반비례한다. 이것이 전기의 가장 기본적인 법칙이다. 하지만 이 경우 힘의 크기만이 아니라 전기의 성질도 문제가 된다. 같은 성질을 지닌 전기끼리는 반발하고 다른 성질을 가진 전기끼리는 서로 잡아당기기 때문이다.

이것은 보통 수식으로 다음과 같이 표시된다.

$$F = C \, \frac{ee'}{r^2}$$

F는 두 대전체 사이에 작용하는 힘이며, e는 한쪽 대전

체의 전기량, e'는 상대 대전체가 가지는 전기량이다. r은 거리이며 c는 비례정수로 숫자에 불과하다. 이 수식에서 보면 힘은 전기량의 곱에 비례하고 거리의 제곱에 반비례한다.

이것으로 아무런 의문의 여지가 없을 것 같지만, 이 경우 왼쪽 편에 있는 F는 힘, 좀 더 구체적으로 말하자면 대전체를 끌어당기거나 반발하는 기계적인 힘을 말한다. 막연히 전기력이라고 생각해서는 안 된다. 무게가 있는 대전체에 작용하는 기계적인 힘이기 때문이다. 일반적인 역학에서 다루는 힘, 즉 돌을 움직이는 힘 등이다. 힘에는 다양한 종류가 있다. 인간의 경우, 서로 노려보는 힘이나 눈의 힘이라는 것도 있다. 혹은 인간을 감동시키는 힘이나 의지의 힘도 있다. 이런 힘은 역학에 포함되지 않는다. 다양한 힘 중에서 어떤 것을 부수거나 돌을 굴리거나 물체의 위치를 바꾸는 힘을 특히 기계적인 힘이라고 한다. 혹은 단순히 힘이라고 해서, 역학에서는 이런 힘만 다룬다. 이런 종류의 힘을 확실히 정의한 것이 뉴턴의 제2법칙이다. 질량이 있는 물체에 가속도를 생기게 하는 힘을 기계적인 힘, 혹은 단순히 힘이라고 말하는 것이다. 힘에 관련된 이런 법칙들로 그 기틀이 만들어진 역학이 자연과학의 근본인 물리학의 기초를 이루고 있다.

전기의 경우에서도 두 대전체 사이에 작용하는 힘 F는 이런 기계적인 힘이다. 즉 왼쪽 F는 기계적인 힘을 말한다. 그런데 오른쪽을 보면 오른쪽에는 e와 e'라는 양이 있는데, 이것은 전기의 양이다. 전기의 양이란 무엇일까. 전기 자체는 아무도 직접 눈으로 본 적이 없다. 고양이 가죽으로 봉랍(편지를 봉하고 문서에 압인을 찍는 데 쓰던 혼합물-역자 주) 막대를 비비거나 비단으로 유리막대를 비비면 서로 끌어당기거나 밀치는 성질이 생긴다. 이런 현상에 대해 해당 물체가 "전기를 띤다"고 말하는데 전기 자체는 정체가 불분명하다. 아직 직접 본 사람이 아무도 없기 때문이다. 그래서 위의 식은 생각해보면 조금 희한하다. 왼쪽은 돌을 움직이거나 사물을 부수는 기계적인 힘, 왼쪽은 고양이 가죽 속에 있는 정체불명의 것이다. 그런 것이 서로 같다(=, equal)는 것은 좀처럼 이해되지 않는다.

이것은 실은 이런 의미다. 대전체 상호 간에는 기계적인 힘이 작용한다. 그 기계적인 힘을 우리들이 지금까지 알고 있는 힘의 단위로 측정해서 특정 수치를 얻을 수 있다. F는 그 수치를 나타낸다. 오른쪽 수식에서 거리는 일정한 단위로 측정하면 어떤 특정 수치를 얻을 수 있기 때문에 그 제곱을 만든다. 5cm라면 5의 제곱, 25라는 수치다. 전기도 일정한 단위로 재서 그것의 몇 배라고 말한다면 이때 말한 '몇'은 수치다. e와 e'는 모두 전기의 단위를 정해 그것으로 쟀을 때의 수치다. 이렇게 하면 이해가 잘되기 때문에 쿨롱의 법칙이라고 적혀진 수식은 이런 수치 사이에 같음(=, equal)이 성립한다는 사실을 나타내고 있는 것이다.

여기서 문제가 되는 것은 전기의 단위다. e와 e' 모두 일정한 단위로 잰 수치라고 했는데, 전기는 정체불명의 대상임에도 불구하고 어째서 그런 단위를 결정할 수 있을까. 그런 점에 대해서도 생각해볼 필요가 있다. 보통 우리들은 전기의 힘이라는 단어를 사용하는데 실제로 감각과 관련 있는 것은 기계적인 힘이다. 전류계의 바늘이 5암페어 부근을 가리키고 있으면 지금 5암페어의 전류가 흐르고 있다는 말이다. 전류가 통하면 주위에 자기장이 만들어지며 자석끼리의 작용과 동일한 원리로 바늘이 움직인다. 그래서 바늘이 움직이는 것은 전기의 힘에 의한 것이라고 일반적으로는 생각되고 있다. 하지만 바늘에는 무게가 있다. 아무리 가느다란 바늘이더라도 어느 정도의 무게를 지니고 있다. 무게가 있는 것을 움직이려면 기계적인 힘이 반드시 필요하다. 바늘이 움직이는 것은 전기의 힘으로 움직이는 것이 아니라, 전기에서 발생되는 기계적인 힘으로 움직이는 것이다.

그런데 전기는 정체를 확실히 파악하기 어려운 대상이다. 정체를 알 수 없는 대상이기 때문에 무엇을 단위로 삼아야 할지 짐작조차 할 수 없다. 그래서 전기에서 발생되는 기계적인 힘은 전기의 양에 비례한다고 생각했던 것이다. 이런 식으로 생각하지 않는 한, 도저히 손을 댈 수가 없다. 다시 말해 전기는 기계적인 힘으로 표출되기 때문에 표출된 기계적인 힘으로 전기를 나타내기로 한다. 따라서 쿨롱의 수식은 실은 전기량의 단위를 결정하는 식이라고 볼 수도 있다. 비례정수 c는 전기량의 단위이며, cgs 단위로 하면, 즉 동일 전기량(동일 거리에 두면 동일한 힘을 미치는 전기량)을 지닌 두 개를 1cm 거리에 두면 $F = ce^2$가 된다. 이때 F가 1다인(질량 1g의 물체에 작용해 $\frac{1cm}{sec^2}$의 가속도가 생기게 하는 힘-역자 주)이 될 전기량을 단위로 취하면 $c = 1$이 된다. 이때의 전기 단위를 1cgs 정전단위라고 말한다. 이것으로 전기량의 단위가 정해졌으며, 이 단위를 취하면 $F = \frac{1}{100} \frac{ee'}{r^2}$가 된다. 만약 이 단위의 10분의 1을 단위로 취하면 $F = \frac{ee'}{r^2}$이 된다. 단위가 10분의 1이 되면 그것으로 측정한 수치는 10배가 되기 때문이다. 2cm의 길이를 cm 단위로 재면 2가 되지만, mm 단위로 재면 20이 된다.

이런 종류의 수식의 의미를 이해하기 위해 조금 엉뚱한 예를 들어보자. 만약 여기 '소 1마리=양 15마리'라는 수식이 있다고 치자. '소 1마리는 양 15마리와 같다'라는 수식으로는 의미가 없다고 생각될지 모르지만, 그것이 만약 가격을 말하는 것이라면 그런 수식이 성립한다. 만약 소 1마리의 가격과 양 20마리의 가격이 같을 경우엔 '소 1마리=양 20마리'라고 쓸 수 있는 것이다. 동시에 '소 1마리=양 8마리'라는 수식도 성립된다. 이것은 무게의 경우로 소 한 마리의 무게와 양 8마리의 무게가 동일한 경우다. 요컨대 이런 수식은 결국 사물의 양을 숫자로 나타냈을 때 그 숫자 사이에 등식이 성립한다는 말이다.

그런데 흥미로운 사실이 있다. $F = \frac{ee'}{r^2}$이라는 쿨롱의 수식은 힘이 거리의 제곱에 반비례하고 전기량의 곱에 정비례한다는 것 외에, 같은 성질의 전자끼리는 반발하고 다른 성질의 전기끼리는 서로를 끌어당긴다는 것도 수식 안에 포함되어 있다. 성질이 같다거나 다르다는 것은, 출발점으로 되돌아가 생각해보면 이해할 수 있다. 봉랍과 고양이 가죽으로 만들어진 전기는 서로 성질이 다르다고 우선 생각한다. 그런 것들끼리는 서로 상대를 끌어당긴다는 사실이 실험을 통해 확인되었다. 그런데 동일한 조작을 한 봉랍을 일단 같은 성질이라고 생각하고, 그 두 개를 가까이 대어보면 서로가 서로를 밀쳐낸다. 또한 고양이 가죽끼리 비교해봐도 결과는 마찬가지다. 유리막대와 비단을 마찰한 후 비슷한 실험을 해봐도 같은 결과가 나온다. 동일한 물질의 경우 전기도 같은 성질을 가졌으며, 동시에 같은 성질을 가진 전기끼리는 반발하고 다른 성질의 전기끼리는 서로를 끌어당긴다고 하면 온갖 현상이 모순 없이 설명될 수 있다. 그래서 이런 생각은 올바르다고 판단한다. 너무 뻔한 사실을 장황하게 설명하고 있다고 생각될지도 모르지만 실은 그렇지 않다. 예를 들어 비단으로 비빈 유리막대의 전기가 어느 유리막대든 같은 성질의 전기를 가졌다고 생각하면 위험하다. 최근 연구에서는 유리와 비단을 비볐을 경우, 유리가 플러스로 대전한다는 종래의 정설은 보통의 유리일 경우뿐이라고 한다. '보통'이라는 것은 약간 오염되었다는 의미다. 일반적으로 깨끗한 표면이라고 생각되는 유리 표면도 아주 미세하게 오염되어 있다. 그러나 극단적으로 깨끗하게 하면 유리의 대전은 마이너스가 된다. 전기학이 사물의 표면을 극단적으로 깨끗하게 만들 수 없었던 과거에 완성되었다는 것은 행운이었다고 말할 수도 있다.

한편 전기 쪽에서는 항상 플러스, 마이너스라는 단어를 사용하는데, 플러스라고 뭔가가 남아돈다는 뜻은 아니며, 마이너스라고 뭔가가 부족하다는 말도 아니다. 구체적인 사물을 지칭하면 복잡하기 때문에 편의에 따라 한쪽을 플러스라고 하고 반대쪽을 마이너스라고 한 것뿐이다. 플러스와 마이너스 개념은 수학에서 나온 것이지만, 수학에서는 한쪽은 남고 한쪽은 부족하다는 의미였다. 넓게 생각하면 동일한 차원에서 반대의 성질을 가진다는 의미다. 그런데 전기 쪽은 고양이 가죽과 봉랍이기 때문에 남는다거나 부족하다는 성질의 것이 아니다. 그런데도 한쪽을 플러스라고 하고 다른 쪽을 마이너스라고 칭하는 것은 좀 이상하다고 생각될지도 모른다. 실은 사연이 있다. 우선 힘에 대해 생각해보자. 만약 힘의 경우 반발하는 쪽을 플러스라고 하면 잡아당기는 쪽은 그 반대이기 때문에 마이너스라고 말하는 것은 오류가 아니다. 그런데 초등 과정의 대수에서는 플러스에 마이너스를 곱하면 마이너스가 된다. 그런데 마이너스에 마이너스를 곱해도 플러스가 된다. 현재의 일반적인 대수학은 이런 약속하에서 구축돼왔다.

$$(+) \times (+) = (+)$$
$$(+) \times (-) = (-)$$
$$(-) \times (-) = (+)$$

이 경우 플러스와 플러스 쪽은 일단 문제가 없다. 마이너스에 플러스를 곱할 경우도 마이너스가 몇 배가 된다고 생각하면 의미를 이해할 수 있다. 그런데 마이너스에 마이너스를 곱해서 플러스가 되는 쪽은 이해하기 다소 어렵다. 더러운 화구로 그림을 잘 그리지 못했는데도 걸작이 완성되었다는 형국이다. 이런 상황이 수학에 존재한다는 것은 묘하다는 느낌을 준다. 참으로 이상한 일이지만, 그런 약속을 바탕으로 오늘날의 대수학이 만들어졌던 것이다. 왜 그런 식이냐고 따져 물어볼 수도 없다. 미리 그렇게 정해놓고 대수학의 체계를 구축해왔기 때문이다.

인간이 제멋대로 정한 것이기 때문에 실제로 이것을 자연현상에 적용해서 사용할 때 쓸모가 없다면 무의미한 것이 된다. 하지만 그렇지 않다. 전기의 경우에서는 이것이 매우 잘 들어맞기 때문이다. 플러스와 플러스, 마이너스와 마이너스 모두 같은 성질이다. 이 양자를 곱하면 둘 다 플러스가 된다. 힘의 플러스를 반발력이라고 하면 마이너스는 흡인력이 된다. 그런데 이 정의라면 전기의 플러스와 마이너스는 다른 성질이 되며 그것을 곱한 것은 마이너스, 즉 흡인력이 되기 때문에 아주 딱 들어맞는다. 그래서 쿨롱의 수식에 현재의 초등 대수학을 그대로 사용하면 양만이 아니라 흡인이나 반발이라는 성질까지 식으로 표현될 수 있게 된다. 이 경우 주의해야 할 점은 수학이 자연현상을 규정하고 있는 것이 아니라 자연현상에 맞는 수학을 선택해 사용하고 있다는 점이다.

이상의 설명 중에서 전기의 플러스, 마이너스에는 여분과 부족이라는 의미가 없다고 했는데, 이 점에 대해서는 납득하지 못할 분도 계실지 모르겠다. 보통의 분자는 전기적으로 중성이지만 이 중 한 부분은 음전하를 띠고 다른 쪽은 양전하를 띤다. 비볐을 때 전자 몇 개가 한쪽으로 옮겨온 쪽이 음전하를 띠게 되고 다른 쪽은 양전하를 띠게 된다. 그래서 플러스와 마이너스가 여분과 부족이라는 관계에 있다는 논의가 생겨난 것일지도 모른다. 하지만 이것은 고전전자론의 시각이라고 할 수 있다. 패러데이 식의 근접작용이론의 시각에서는 전기란 진공의 뒤틀림이며 플러스는 그 뒤틀림의 한 끝을 보고 있기 때문에 마이너스는 그 다른 쪽 끝일 뿐이다. 한쪽 끝과 다른 쪽 끝이라는 의미에서 성질이 반대라는 점을, 수학의 플러스와 마이너스라는 반대 성질의 기호로 나타냈던 것이다. 전자와 양이온(원자가 전자를 잃어서 +전하를 띠게 된 입자-역자 주)이라는 관념에만 갇혀 있었다면, 양전자의 발견은 불가능했을지도 모른다.

전기 쪽은 어설프게라도 전자와 양이온에 대해 이해할 수 있기 때문에 오히려 헷갈리기 쉽다. 자기 쪽은 그런 점에서 좀 더 이해하기 쉽다. 자석은 한쪽 끝이 북쪽을 향하면 다른 쪽 끝은 남쪽을 향한다. 이때 북쪽을 향하는 끝과 남쪽을 향하는 끝은 반대되는 성질이 있어서 같은 성질의 끝끼리는 반발하고 다른 성질의 끝끼리는 서로를 잡아당 긴다는 것을 실험 결과로 알 수 있다. 이 사이에 작용하는 힘의 법칙도 쿨롱이 발견했기 때문에 자기의 쿨롱의 법칙 이라고 부르고 있다. 끝에는 자기가 있다고 정의하고 그 강도를 m이라고 하면 법칙은 다음과 같이 전기의 경우와 비슷한 형태가 된다.

$$F = C \frac{mm'}{r^2}$$

왜 자석은 남북을 향하는 것일까. 지구도 하나의 자석 이므로 극지방에 가까운 곳에 자기가 강한 곳이 있으며, 그것이 이 자석에 힘을 미치기 때문이다. 북극에 있는 자 기를 S(북)로 하고 남극에 있는 쪽을 N(남)이라고 한다. 그 러면 자석의 북쪽을 향하는 끝은 S와 성질이 다른 자기인 N이 되며, 남쪽을 향하는 쪽에는 S가 오게 된다. 그래서 자기의 양쪽 끝의 성질은 S와 N이 된다. 실험에 의해 알려 진 것은 N과 N끼리, S와 S끼리는 반발하며 N과 S는 서로 를 끌어당긴다는 것뿐이었다. 하지만 일일이 N이니 S니 하며 그 반발이나 흡인을 외우는 것은 귀찮으므로 N을 플

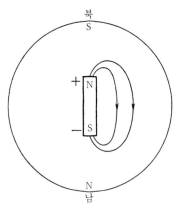

〈그림 6〉 자석의 플러스, 마이너스

러스, S를 마이너스로 정해버렸다. 그렇게 해서 일반적인
대수학을 활용하면 반발이나 흡인의 성질도 여기에 제시
했던 식 안에 포함되게 된다. 자력선은 보통 +에서 -를 향
한다고 정의되기 때문에, 그 방향은 〈그림 6〉의 중앙에
나오는 화살표 방향이 된다. 하지만 이것은 N을 +라고 정
했기 때문이다. 만약 S를 +라고 정했다면 자력선의 방향
은 반대가 될 것이다. 이 경우라면 N과 S는 과부족의 관계
가 아님이 명료하다. 전기의 경우도 실은 이와 마찬가지
다. 다른 성질이라는 것을 플러스와 마이너스로 나타냈을

뿐이다. 그러므로 어느 쪽이 플러스든 상관없다. 하지만 일단 정해버렸으니 계속 그 정의대로 밀고 나갈 필요가 있을 뿐이다.

과학에 수학을 도입할 경우, 항상 이와 비슷한 방식을 취한다. 마이너스와 마이너스를 곱하면 플러스가 된다고 정한 대수학이 전기나 자기 현상에 대한 설명에도 유효하기 때문에 그것을 사용한다. 그리고 만유인력도 매우 중요한 문제다. 이것이 역학의 기초를 이루고 있기 때문이다. 만유인력의 경우, 마찬가지로 힘은 질량의 곱에 정비례하고 거리의 제곱에 반비례한다는 형식이었다. 다만 만유인력의 경우, 마이너스 질량이 없기 때문에 플러스 방향에 대해서만 생각하면 된다. 아울러 물질 상호 간에 작용하는 힘은 인력뿐이다. 그래서 인력을 앞의 경우에 맞춰 마이너스로 나타내면 만유인력의 법칙은 다음과 같다.

$$F = k \ \frac{MM'}{r^2}$$

이것으로 힘의 크기와 방향 모두 표현할 수 있다. 이 경우엔 질량 M의 단위를 알고 있기 때문에, k의 값은 실험을 통해 결정하면 된다.

그런데 원자력이 보편화되면서 온 세상이 원자에 대해 엄청난 관심을 보이고 있다. 그런데 원자의 세계에서는 바야흐로 일반적인 수학은 사용될 수 없다는 언급이 과학 보급서 등에서 종종 보인다. 사실 원자의 문제를 취급할 경우, 즉 매우 미시적인 세계에서는 원자의 성질이 일반적인 전기력이나 만유인력은 이질적인 성질을 나타낸다. 그 때문에 전기나 만유인력에서는 사용하기 안성맞춤이었던 수학이, 원자의 세계에서는 더 이상 적용되지 않게 된다 해도 전혀 이상하지 않다. 오히려 그 쪽이 당연할 것이다. 그래서 그런 이질적인 자연의 성질에 맞는 수학을 택한 후 그것을 활용해 문제를 풀어나가는 것이다.

예를 들어 보통의 대수학에서는 두 수의 곱은 곱하는 순서와 무관하다. A에 B를 곱해도, B에 A를 곱해도 동일한 수치가 나온다. 2에 3을 곱해도 6, 3에 2를 곱해도 6이다. 곱셈의 순서를 바꿔도 값은 변하지 않는다. 당연하다고 말해서는 안 된다. 그런 것도 실은 가정을 바탕에 두고 있다. 전기의 경우, 두 대전체의 위치를 뒤바꿔도 거리가 동일하면 힘은 같다. 이런 경우에는 곱셈의 순서를 바꿔도 값이 다르지 않다는 수학이 활용된다. 즉 기존의 대수의 원리로 충분하다. 그런데 원자의 세계에서는 $A \times B$와 $B \times A$ 가 성질이 서로 다른 상태를 나타내는 경우가 있다. 그런 사실을 실험을 통해 알게 되었다. 그렇다면 곱셈의 순서를 바꾸면 값이 다른 수학이 필요해진다. 사실 그런 수학은 이전부터 있었다. 그런 수학에 적용시키면 다양한 원자 세계의 현상들을 풀 수 있는 것이다. 하지만 현재의 양자역학은 엄청난 진보를 거듭해 매우 복잡해졌다. 수식이라는 것은 바야흐로 숫자만의 관계를 다루는 것이 아닌 것이 되었다. 앞서 쿨롱의 법칙으로 예를 들었던 것처럼, 즉 단위를 사용해 측정한 수치가 동일하다거나 방향이 어떻다거나 하는 간단한 레벨이 아니다. 원자의 어떤 상태라든가, 혹은 오퍼레이션(조작)이라는 것을 문자로 드러내며 그 사이의 법칙을 식으로 나타내고 있다. 질적으로 차원이 다른 비약적인 발전을 거듭하고 있기 때문에, 그런 의미에서 식의 성질은 완전히 다르다고 할 수 있다. 하지만 어떤 물리 현상을 설명하기 위해 일부의 성질을 알게 되었다면 그것에 적합한 수식으로 지금까지의 지식을 그 숫자로 번역한 뒤 해당 수식을 발전시킴으로써 사고의 경제성을 도모한다. 그렇게 점점 앞으로 나아간다는 점에서 현재의 양자역학과 종래의 초보적 물리학은 본질적으로 차이가 없다고 할 수 있다.

한편 수학은 첫 부분에서 지적했던 것처럼 인간의 두뇌로 만들어진 학문이다. 그래서 아무리 고차원적인 수학을 활용해도 인간이 전혀 알지 못했던 것은 수학에서 나오지 않는다. 하지만 인간이 만들었다고는 해도 개인이 만든 것은 아니다. 이른바 인류의 두뇌가 만든 것이다. 그런 만큼 기본적인 자연현상의 지식을 수학으로 번역하면 그다음에는 수학이라는 인류의 두뇌를 사용해 그 지식을 정리하거나 발전시킬 수 있다. 따라서 개인의 두뇌로는 도저히 도달할 수 없었던 곳까지 인간의 사고를 이끌어준다. 바로 그 점에서 진정한 의미에서의 수학의 소중함을 발견할 수 있다.

현대 과학에서는 물리학이든 화학이든 수학 없이 일단 성립되지 않는다. 언뜻 보기에 수학은 그다지 사용하지 않을 것처럼 보이는 다른 과학 부문에서도 물리학이나 화학은 사용되고 있기 때문에 간접적으로 깊은 관련성을 가지고 있다. 이처럼 수학은 개인의 사고가 미치지 않는 곳에서 사용될 때 대단한 힘을 발휘한다. 자칫 잘못해서 수학이 논문의 장식적인 부분으로 사용되는 경우도 있는데, 그런 경우에는 당연히 수학이 그다지 큰 의미를 가지고 있다고 할 수 없다.

과학에서는 '정성적' 또는 '정량적'이라는 표현이 자주
사용된다. 이런 것들도 과학의 방법을 논할 경우 일단 고
찰해둘 필요가 있는 용어다.

　정성적이라는 말은 영어의 qualitative의 번역어다. qual-
ity, 즉 질적으로 바라보는 것을 말한다. 정량적이라는 것
은 quantitative, 즉 양적으로 측정하고 양적으로 조사하
는 경우에 사용된다.

　과학은 자연을 인식하는 학문이라는 이야기를 자주 듣
는다. 자연을 인식하는 첫걸음은 바로 관찰이라고 할 수
있다. 자연에 대해 제대로 응시하는 것에서 과학은 시작
된다. 그런데 보통 관찰이라고 하면 초등학교나 중학교에
서 동물이나 식물을 관찰하는, 그런 관찰을 곧바로 연상해
버린다. 그리고 물리학이나 화학 같은 학문은 관찰 등의
영역을 벗어난 것처럼 간주되는 경향이 없지 않다. 예를
들어 역학은 뉴턴의 제1법칙, 제2법칙이라는 것에서 시작
되므로 관찰이라는 요소는 비집고 들어갈 여지가 없는 것
처럼 생각되곤 한다. 하지만 관찰은 매우 소중한 행위다.
요즘처럼 과학이 진보하고 전문화되었다 해도 관찰이라
는 과정을 무시할 수는 없다. 단순한 관찰 따위로 어찌 새

로운 지식을 얻을 수 있겠느냐고 생각해버리는 것, 그것은 분명 오류일 것이다.

통속적인 과학서를 펼쳐보면 과학이 매우 진보되어 바야흐로 자연계에 대해 거의 대부분 파악해버린 것처럼 적혀 있다. 분자에 대해서도 이해했고, 원자가 뭔지도 파악했으며, 원자핵이든 소립자든 뭐든지 다 알고 있다는 인상을 준다. 전자파에 대해서도 방송 등에서 자주 사용되는 장파장이라는 것에서부터 단파, 마이크로웨이브, 보통의 빛, X선, 감마선 등등 모조리 알고 있다. 이런 측면을 보면 오늘날의 물리학은 자연의 궁극적인 모습까지 다 파헤친 것처럼 생각하기 쉽다. 하지만 자연은 그리 호락호락한 대상이 아니다. 인간의 상상 이상의 것이다. 현대 과학은 지금 언급한 것처럼 물질의 궁극적인 곳까지 꿰뚫어보는 측면도 있다. 하지만 이는 굳이 예를 들자면 균사체 비슷한 발달을 하고 있다. 제각각 뻗어가며 광범위한 범위에 걸쳐 있기 때문이다. 그래서 특정 방향으로는 매우 깊이 파고들고 있다. 아울러 뻗어나간 분야도 매우 다양해서 광범위하게 제각각 지식이 확대되고 있다. 하지만 그 틈 사이사이로 뒤처진 영역은 여전히 무수히 많다. 이른바 선의 형태로 진보해가고 있을 뿐이다. 면적 전체를 뒤덮는, 즉 자연계 전체를 뒤덮는 형태는 아니라고 할 수 있다.

자주 예로 드는 이야기지만 벼락에서 왜 전기가 발생하는지, 그런 간단한 것조차 아직 명확히 밝혀지지 않았다. 태곳적 인간이 하늘을 올려다보며 벼락의 번갯불을 보고 매우 신기하게 생각했던 것이나, 오늘날 우리들이 벼락에 대해 가지고 있는 지식이나 본질적으로 그다지 큰 차이가 없다. 하늘에는 공기와 물과 여타 눈에 보이지 않는 작은 먼지 정도밖에 없지만, 그런 곳에서 몇백만 볼트의 전기가 발생해 그 긴 불꽃이 날아간다는 것은 너무나 신기한 현상이다. 벼락의 본체가 전기적 현상이라는 사실은 벤저민 프랭클린Benjamin Franklin(1706~1790) 시대부터 이미 알고 있었다지만, 이는 우리들이 일상적으로 사용하고 있는 전기와 같은 것이라는 사실을 알았다는 의미일 뿐이다. 물론 귀신이 북을 치는 거라고 생각하는 것보다야 그나마 엄청난 진보라고 할 수 있을 것이다. 하지만 어째서 하늘에서 그런 전기가 발생하는지, 정작 가장 중요한 의문은 여전히 해결되지 않고 있다. 옛날 중국의 어떤 책에서는 음양의 기운이 합쳐질 때 벼락이 발생하는 것이라고 적혀 있었다. 번갯불은 음전기와 양전기가 중화할 때 튀는 불꽃이라고만 파악해버리면, 과거의 중국의 음양의 설과 본질적으로 그리 다르지 않을 것이다.

벼락의 전기는 어떻게 발생할까. 이 문제는 여전히 미해결 상태다. 세계적으로 손꼽히는 학자인 찰스 윌슨 Charles Thomson Rees Wilson(1869~1959) 같은 노벨상 수상자, 영국의 중앙기상대에서 오랫동안 수장을 역임하고 기상학의 세계적 권위자로 일컬어지는 조지 심프슨 George Clarke Simpson(1878~1965) 박사, 그 외에도 내로라하는 우수한 학자들이 상당히 오랜 세월에 걸쳐 연구와 논쟁을 거듭해왔지만 여전히 해명되지 않은 상태다. 연이어 새로운 학설이 속속 등장하며 언뜻 보기에 설명이 다 된 것처럼 보이지만, 결국 그때그때의 설명에 그칠 뿐이었다. 새로운 기계가 만들어지고 새로운 관측이 시작되면 지금까지의 학설로는 도무지 설명이 안 되는 문제들이 계속 나온다. 예를 들어 상공의 전기장 상태까지 측정해보면, 지상에서 관측할 때는 미처 생각지도 못했던 문제들이 새롭게 부상한다. 멋진 이론으로 간주되고 있던 학설들이 잇따라 철퇴를 맞는 것이다. 최근 몇 년 동안에도 새로운 이론들이 속속 나오고 있지만, 조만간 그것을 대신할 이론이 또 나올 것이다.

좀 더 명확한 순수물리학 문제 중에도 여전히 불명확한 것들이 우리 주변에민 해도 다수 존재한다. 예를 들어 얼음의 결정구조도 아직 명확히 밝혀지지 않았다. 얼음 같은 것들은 우리 주변에 존재하는 것이며 누구나 알고 있는 대상이다. 우리가 일부러 만들어 냉장고 안에 넣어둔 얼음이든, 겨울에 양동이나 강가에 자연스럽게 생기는 얼음이든, 모든 얼음은 작은 결정이 자기 멋대로 여기저기 퍼져나가다 덩어리가 되면서 만들어진다. 물이나 얼음은 인간 생활과 가장 가까운 대상이다. 이런 것들은 과학에서 충분히 파악되고 있을 대상이다.

그러나 얼음의 역학적 성질은 매우 복잡해서 그 실험 결과가 천차만별이다. 작은 결정들이 뭉쳐진 것인데, 구성요소인 단위 결정의 크기나 방향의 분포가 표본마다 다르기 때문에 당연한 일일 것이다.

그럼에도 불구하고 얼음 덩어리의 단위를 구성하는 '얼음의 결정구조'처럼 좀 더 기본적인 문제조차 아직 명확히 밝혀내지 못했다. 역시 노벨상을 받은 윌리엄 브래그William Henry Bragg(1862~1942)를 비롯해 세계적으로 내로라하는 학자들이 매달려 가까스로 산소 원자의 배열까지는 알게 되었다. 하지만 수소 원자가 어떻게 배열되어 있는지는 여전히 모른다. 지금까지의 지식으로 볼 때 얼음의 결정은 극성을 띠고 있는데, 그렇다면 압전기가 발생될 것이다. 그러나 다양한 방법으로 조사해봐도 압전기 현상이 보이지 않는다. 그래서 현재까지 얼음의 결정구조의 진정한 모습에 대해서는 여전히 밝혀지지 않은 상태라고 말할수밖에 없다.

자연계에서 일어나고 있는 현상 중 비교적 간단한 현상을 다루고 있는 물리학조차 이런 상황이므로, 다른 방면은 말할 것도 없을 것이다. 일본의 유명한 내과 교수에게 들은 이야기인데, 인간의 장 안에서 세균들이 어떤 작용을 하고 있는지, 아직 거의 알지 못한다고 한다. 위장은 인간의 몸 중에 그나마 가장 잘 알려진 장기라고 생각했기 때문에 이 이야기를 듣고 깜짝 놀랐다. 음식물이 직접 들어가는 곳이므로 다른 장기보다 훨씬 그 기능에 대해 파악하고 있을 거라고 생각했기 때문이다. 설사 같은 것도 매우 간단할 거라고 생각했는데, 그렇지 않은 듯하다. 대장균에 대해서는 상당히 잘 알려져 있지만, 그것은 마지막까지 살아남은 강한 녀석이다. 소화시키거나 흡수할 때 기능하는 세균이나 효소 등에 대해서는 그 중요성에 비해 여전히 그 정체나 기능을 충분히 파악하지 못하고 있다.

그리고 자주 예로 거론되는 문제인데 식물의 동화작용도 참으로 신기한 기능이다. 식물은 탄소 가스와 물을 통해 전분(녹말)을 만들고 있다. 지면에서 물을 빨아올리고 공기 중에서 탄소 가스를 흡수해 이른바 동화작용을 한다. 나무가 나무 재질을 만드는 것도, 벼가 쌀을 만드는 것도 모두 이 동화작용에 의한 것이다. 여기에는 태양 광선의 에너지가 사용되고 있는데, 이런 식물의 작용에 의해 인간의 식량이 만들어지고 있다. 식물의 잎사귀는 언뜻 보기에 간단할 것처럼 생각되지만, 엽록소의 기능이나 태양 광선에 의해, 물과 탄소 가스로부터 녹말을 계속 만들고 있다. 과학이 이토록 진보를 거듭해 실로 다양하고 복잡한 고성능 기계를 만들어내도, 인간은 여전히 물과 탄소 가스로부터 전분을 만들 수 없다. 이것이 가능해지면 세계의 식량문제는 단숨에 해결될 것이다. 그렇게 되면 세상은 틀림없이 좀 더 살기 좋은 곳이 될 것이다. 물과 탄소 가스를 통해 간단히 전분을 만들 수 있게 된다면, 아마도 그것은 과학 역사상 최고의 공적 중 하나가 될 것이다. 물론 그토록 중대한 문제이기 때문에 세계적으로 내로라하는 초일류 학자들이 한데 모여 현대 과학의 진수를 모아이 문제에 도전하고 있다. 따라서 계속해서 진보하고 있긴 하지만 해결을 위해서는 아직도 상당한 시간이 필요할듯하다. 현대 과학이 온 힘을 다해 임해도 나뭇잎 한 장을이기지 못한다 해도 과언이 아닐 것이다.

이처럼 우리와 가까운 문제들, 적어도 우리 주변에서 매일 일어나고 있는 현상 중에는 여전히 해결되지 않은 문제가 다수 존재한다. 이런 사실에 대해 알아둘 필요가 있다. 그렇기 때문에 자연현상 자체를 주의 깊게 관찰해야한다. "그것은 단순한 관찰 기록에 지나지 않는다"는 한마디로 간단히 끝내서는 안 된다. 알고 있다고 생각되는 것이라도 자연현상은 좀 더 복잡하다는 사실을 항상 염두에두고 자신의 눈으로 관찰해가는 태도가 중요하다. 관찰은과학의 방법으로서는 가장 원시적이지만, 오늘날의 과학에서도 여전히 중요한 하나의 방법이다. 보통 관찰이라고하면 육안으로 보는 것으로 생각하기 쉽다. 하지만 과학의 경우 그것을 조금 더 확대해 현미경이나 망원경, 혹은 여타 기계를 사용해보는 것도 물론 포함되어 있다.

사진은 과학에서 매우 중요한 역할을 하고 있다. 사진이라면 순간적으로 일어나는 상태를 고정시킬 수 있다. 그리고 나중에 천천히 시간을 들여 조사할 수 있다. 10만 분의 1초 안에 끝나는 재빠른 현상조차 포착할 수 있기 때문에 관찰을 위한 무기로 매우 유력하다. 현대의 원자물리학은 원자핵물리학의 형태이지만, 얼마 전까지만 해도 원자의 구조물리학이었다. 원자핵의 바깥에 전자가 다수 존재하는 형태로 원자가 형성되어 있는데, 이런 전자의 배열, 즉 원자의 구조 연구에서 오늘날의 원자물리학이 탄생되었던 것이다. 전자의 배열 상태가 달라지면 원자로부터 나온 빛의 스펙트럼이 달라진다. 그래서 스펙트럼의 연구, 즉 분광학spectroscopy의 발달에 의해 원자 연구가 진전되었던 것이다.

분광학은 왜 발달했을까. 조금 다른 표현을 해보자면, 사진이 있었기 때문에 가능했던 학문이다. 어떤 원자든 그 이온이든 거기에서 나오는 빛을 분광기를 통해 스펙트럼선으로 나눈다. 그 선을 보고 예쁜 선들이 아주 많이 늘어서 있다는 것을 확인하는 것만으로는 학문이 성립되지 않는다. 하나하나의 선에 대해 그 파장을 정밀하게 측정한 후 원자 구조를 추정한다. 그 때문에 파장을 정밀하게 재는 것이 중요하다. 그러기 위해서는 사진이 가장 편리하다. 사진을 사용하지 않아도 파장을 측정할 수 있지만, 그것은 이론상의 이야기일 뿐이다. 실제 문제로서는 그런 것들을 사진으로 찍어 측정하기 때문에 비로소 측정이 가능했던 것이다. 몇천 개, 몇만 개나 되는 선들을 일일이 실험을 해가면서 측정해간다는 것은 도저히 불가능하다. 다양한 소립자들의 존재도 대부분 윌슨의 구름상자(안개상자) 안에서 발견되었는데, 이것도 사진이 있었기 때문에 가능한 이야기였다. 현상을 고정시켜 보여주는 사진, 작은 것을 확대해서 보여주는 현미경, 멀리 있는 것을 가까이로 다가오게 해서 보여주는 망원경 등 다양한 기계를 사용해 자연을 관찰한다. 그것이 과학의 방법 중 기본적인 것이다.

물론 관찰에 눈만 사용하라는 법은 없다. 우리들이 가진 감각 중 어떤 감각으로든 포착되면 된다. 귀를 사용하는 것, 이것은 관찰이라기보다는 청찰이라고 말하는 편이 좋을지도 모르겠다. 어쨌든 귀를 사용하는 관찰도 충분히 가능하다. 귀는 지금까지 그다지 과학 연구에는 사용되지 않았지만 전혀 예가 없었던 것도 아니다. 예를 들어 옛날에 데라다 선생님이 선체의 진동 연구를 하셨을 때는 귀만으로 상당히 중요한 문제들을 훌륭히 해결하셨다. 선체 모형을 만들어 물 위에 띄워두고 북채 같은 봉으로 선체 여기저기를 두드려보는 실험이었다. 그러자 두드리는 위치에 따라 다양한 음들이 생겨났다. 그 음을 음차(발음체의 진동수를 계산하는 기구-역자 주)의 음과 비교해봄으로써 그 진동수를 알 수 있었다. 그래서 배의 이곳저곳을 두드렸을 때의 선체의 진동 상태를 통해 해당 선체 모형에 대한 조사를 할 수 있었다. 봉 하나만 있으면 귀를 사용해서 이 문제가 해결되는 것이다. 이것은 유명한 연구였다. 이런 식으로 귀를 사용하는 관찰도 당연히 가능하다. 그렇다면 코를 사용하는 관찰도 없으란 법은 없다. 물론 냄새에 관한 연구는 코를 사용할 수밖에 없다. 향료 연구 쪽도 상당히 발전했다고 한다.

이런 식으로 관찰에 의해 자연계에서 일어나는 현상이나 사물의 실상을 꼼꼼히 살펴보면서 그 안에 있는 성질에 대해 다양한 측정을 시도한다. 측정은 어떤 성질을 알게 되었을 때 그 성질을 숫자로 어떻게 나타낼지의 문제라고 할 수 있다. 이 때문에 측정하기 전, 그것이 어떤 성질을 가졌는지 충분히 파악해둘 필요가 있다. 그러기 위해서는 관찰에 의해 어떤 현상이든 사물이든 그 성질을 잘 살펴보는 것이 우선되어야 한다. 우선시되어야 할 첫걸음이 바로 정성적 연구인 것이다. 측정해야 할 성질이 정해졌을 경우, 측정에 의해 그것을 숫자로 나타낸다. 일단 수치로 표현될 수 있다면 수학을 활용해 해당 지식을 정리하고 통합한다. 이런 연구는 어떤 대상의 성질을 양적으로 조사하는 것이므로 정량적 연구라고 일컬어진다.

이런 식으로 생각하면 정성적 연구는 시작 단계의 연구이며, 오히려 정량적 연구 쪽이 진전된 연구라고 할 수 있다. 그리고 사실 그게 맞는 말이기도 하다. 하지만 초보 단계에서 일단 자연계를 정성적으로 본다는 것이 현대 과학에서는 이미 불필요한 과정이라고는 결코 말할 수 없다. 과학의 모든 측면에서 정량적 연구가 언제나 진보된 형태이므로 수학의 자릿수가 쭉 이어질수록 정밀한 연구라고 흔히들 생각하겠지만, 꼭 그렇다고 단언해서는 안 된다. 측정된 자릿수가 다수 늘어서 있을 때 그것이 진정으로 의미가 있는 경우, 물론 그것은 정밀한 연구다. 하지만 측정 대상의 성질이 그다지 확실하지 않을 경우에는 이른바 정량적으로 아무리 세밀하게 측정되어도 전혀 의미가 없는 경우도 있다. 측정에 의해 얻어진 숫자가 자연의 실상을 나타내고 있지 않거나, 혹은 실체 가운데 극히 일부분의 성질만 나타내고 있을 경우에는 과학적 가치가 크다고 할 수 없다.

가장 좋은 예들 중 하나는 플랑크톤 연구라고 할 수 있다. 플랑크톤망을 바닷물에 집어넣어 휘저으면 그 안에 플랑크톤이 많이 잡힌다. 천칭으로 재어보면 그 양을 간단히 측정할 수 있다. 이 경우 정량적 연구는 간단히 가능하다. 그러므로 이 경우엔 정량적 연구 쪽이 오히려 초보적 연구라고 생각된다. 한편 플랑크톤 덩어리 안에는 매우 많은 종류의 플랑크톤이 있다. 몇십 종인지 몇백 종인지 모르겠지만, 어쨌든 다양한 종류의 플랑크톤이 들어 있다. 그런데 이런 하나하나의 플랑크톤에 대해 그것이 어떤 종류인지 확인하려 들면 매우 수고스러운 작업이 시작된다. 하지만 이는 플랑크톤의 실상을 연구하는 데 중요하며 동시에 학문적으로도 높은 가치를 지닌다. 그러므로 이 경우엔 정성적 연구 쪽이 정량적 연구보다 고생스럽고 학문적으로도 앞선 연구라고 할 수 있다. 잡다한 종류의 플랑크톤을 모두 모아 그 무게가 몇 그램인지를 아무리 정확하게 재어도 학문적으로는 큰 의미가 없기 때문이다. 물론 수치도 중요하지만 어떤 종류의 플랑크톤이 얼마만큼 있는지가 우선이라고 할 수 있다. 정성적 연구는 초보, 정량적 연구는 진보된 연구라고 철석같이 믿고 있으면 때때로 착각에 빠지는 경우가 있다.

플랑크톤 같은 경우는 이른바 예외적 이야기다. 보통 물리학이나 화학의 실험 대상이 되는 것은 비교적 간단한 성질이 대부분이다. 그런 경우에 정성적 연구는 다 아는 이야기라고 간단히 말할 수 없다. 거듭 반복해온 것처럼 자연은 때때로 매우 복잡해서 아무리 간단해 보이는 것이라도 일단 의문을 품고 대응해야 한다.

패러데이나 켈빈 경이 살던 시대라면 약간의 실험을 통해서도 커다란 발견이 가능했겠지만, 요즘처럼 과학이 발달해버리면 엄청난 연구비를 투입하고 대대적인 기계나 설비를 갖춰야만 연구다운 연구가 가능할 거라고 생각하는 사람이 많다. 원자핵 실험 등에서는 대부분의 경우, 이 말이 맞다. 하지만 과학은 앞서 언급했듯이 특정 분야에서만 균사체처럼 발달하기 때문에 실과 실 사이에 다수의 빈틈이 존재한다. 미처 생각지도 못했던 일들을 우리들 주변에서 얼마든지 찾아볼 수 있다.

그 한 가지 예로 얼음의 단결정 막대에 힘을 가했을 때 어떻게 변형되는지를 알아보자. 아주 간단한 문제라고 할 수 있는데, 이 연구는 미국에서도 일류로 손꼽히는 결정학자 연구팀이 수 년 전에 행한 실험이다. 방법은 다음과 같다. 얼음을 사각형의 얼음막대 형태로 잘라내어 두 개의 받침 위에 올려놓는다. 그런 다음 한가운데에 무거운 추를 올려놓으면 얼음막대는 부드럽게 휜다. 물질이 부드러우면 많이 휘고, 단단하면 조금밖에 휘지 않는다. 막대가 얼마나 휘는지 측정한 후 물리적인 계산을 통해 해당 물질의 단단함을 나타내는 이른바 탄성률을 구할 수 있다. 물체가 완전한 탄성체라면 추를 제거하기만 해도 막대는 원래 형태로 되돌아올 것이다. 하지만 얼음 같은 경우에는 소성塑性이라는 성질이 있어서 추를 제거해도 약간만 원래대로 돌아올 뿐이다. 얼음의 경우 구부러진 형태를 그대로 유지하는 것이다. 이런 변형은 위에 올리는 추가 무거울수록 크다. 일정한 추라도 추를 달아두는 시간이 길수록 변형은 커진다. 즉 시간이 지날수록 형태가 변한다.

그런데 이런 변형의 경우, 너무 지나치게 변형시키면 여러 이차적 현상의 영향이 나타나기 시작하면서 계산이 복잡해진다. 이렇게 되면 막대가 휘는 정도를 측정해도 그것을 이론적으로 다루기가 어려워진다. 그래서 아주 조금만 휘게 한 후 그 양을 정밀하게 측정해서 이론에 적용시키는 것이다. 이런 방식은 이 경우에 국한되지 않고 물리학 전반에 걸쳐 항상 채용되고 있는 방식이다.

어떤 변화든 수많은 요소들이 축적된 결과지만 대부분의 경우 그중에서 큰 영향을 끼치는 요소가 있다. 변화가 작은 때는 해당 요소의 영향이 비교적 강하게 드러난다. 그리고 두 번째나 세 번째 요소는 무시할 수 있을 정도로 작다. 혹은 그런 성질의 현상이 주로 과학의 대상이 되고 있다. 그래서 이 특질을 살리기 위해 소량의 변화를 치밀하게 측정하는 경우가 많다.

다양한 물질의 탄성률을 재기 위해서는 만곡 실험이 매우 효과적이다. 해당 물질을 적당한 크기의 막대 형태로 잘라낼 수 있는 경우에는 대체로 이 방법이 채용된다. 하지만 만곡은 소량에 머물게 해두는 편이 낫기 때문에, 휘는 정도는 정밀하게 측정할 필요가 있다. 현미경을 사용하면 일마든지 자세히 잴 수 있을 것처럼 생각될지도 모른다. 사실, 고배율의 현미경을 사용하면 1,000분의 1mm 정도의 위치 변화는 쉽게 잴 수 있다. 하지만 현미경의 시야 안에서 막대의 한 점이 1,000분의 1mm 내려가 관측되어도, 이것이 그대로 휜 수치라고는 단정 지을 수 없다. 상당히 단단한 물질의 경우가 많기 때문에 추는 제법 무거운 것을 사용한다. 그래서 추 때문에 받침대가 모두 약간 형태가 틀어진다. 막대가 매우 단단하기 때문에 전혀 휘지 않았더라도 현미경의 시야 안에서 막대의 한 점은 아래 방향으로 위치가 변한 것처럼 보인다.

그래서 이 경우에는 다음과 같은 방법을 쓰는 것이 상식이다. 즉 위치 변화를 직접 재지 않아도 휘어졌기 때문에 얼음막대의 양쪽 끝이 수평보다 아주 조금 기울어진다. 그 기울어진 각도는 〈그림 7〉처럼 거울(M)을 두 장 세워두면 간단히 잴 수 있다. 멀리 서 있는 자의 수치를 두 번에 걸쳐 거울에 반사시켜 망원경으로 읽어내는 것이다.

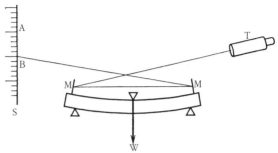

<그림 7> 얼음막대의 변형을 정밀하게 측정하는 방법

거울이 수직으로 서 있었을 때는 A의 눈금이 망원경의 시
야 한가운데 있었다. 그런데 휘어지면 B의 눈금이 보인
다. 이 방법을 통해 각도를 재는 것이므로 받침대의 비틀
림 때문에 얼음막대 전체가 아래쪽으로 내려가도 그 영향
을 거의 받지 않는다. 게다가 자를 제법 멀리 떼어놓으면
기울어짐의 각도를 정밀하게 측정할 수 있어서 계산을 통
해 위치 변화를 매우 상세히 파악할 수 있다. 이 방법에 의
하면 휜 정도를 1,000분의 1mm, 혹은 그 이하까지 정밀
하게 측정할 수 있기 때문에 만곡 실험에서는 대부분의 경
우 이 방법이 채택되고 있다. 얼음막대 정중앙 부분이 아
래 방향으로 위치 변화하는 수치를 직접 측정하는 것은 원

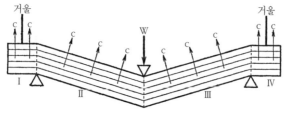

<그림 8> 얼음의 단결정의 V자형 변형

시적인 방법이며, 정밀도도 현저히 낮다.

그래서 수년 전 미국에서 얼음의 단결정의 변형 연구가 시작되었을 때도 거울을 사용하는 방법이 채택되어 일일이 상세히 측정했다. 하지만 그 결과는 제각각이어서 도무지 납득이 가지 않는 점이 매우 많았다. 특히 결정의 주축이 수직이 되도록 잘라낸 표본에서 거울은 거의 기울지 않았다. 이를 통해 이 방향으로는 얼음 결정이 매우 단단하다는 결과가 얻어졌다. 하지만 그것은 지금까지 다른 결정을 통해 얻어진 지식과 비교해보면 아무래도 납득이 가지 않는다.

그래서 원시적인 방법으로 되돌아가서 한가운데가 내려가는 분량을 직접 마이크로미터로 재어봤더니 점점 내려갔다. 결국 알게 된 사실은 이 경우 얼음막대는 〈그림

8>처럼 V자형으로 구부러진다는 것이었다. 이렇다면 한가운데가 아무리 내려가도 거울은 기울어지지 않을 것이다. 양끝에는 추가 매달려 있지 않았기 때문에 한가운데가 내려가면 양끝이 올라갈 것 같지만 실제로는 수평인 채 그대로 있었다. 권두 그림 속표지 상단 b)의 사진에 이 V자형 변형이 잘 나타나 있다. 이 사진은 교차편광판 아래서 찍은 사진이다. 결정의 주축 방향이 평행하게 나열되어 있는 부분은 비슷한 밝기 혹은 어둡기로 찍게 되어 있다. 〈그림 8〉에서 Ⅰ, Ⅱ, Ⅲ, Ⅳ의 네 부분의 경우, 각각 그 부분 안에서는 주축 c 방향이 평행이다. 다른 표현으로 말하자면 처음에 하나의 단결정이었던 것이 네 가지 단결정으로 나뉘어 각각 개별 행동을 하고 있었던 것이다. 권두 그림 속표지 상단 사진 c)는 좀 더 심하게 구부러진 예다. 이 경우엔 양쪽 끝에 작은 유리판을 얼린 상태로 붙여놓기까지 했는데, 그래도 결과는 마찬가지였다.

그런데 종래의 '정밀측정법'에서 거울의 기울기 자체는 실제로 측정된 것이기 때문에 문제는 없다. 그리고 그 각도는 〈그림 7〉의 장치를 빌리면 아주 작은 각도여도 매우 정밀하게 측정할 수 있다. 거기까지는 별문제 없는데,

그 기울기 각도로부터 중앙부가 내려간 정도를 계산할 경우 하나의 가정이 포함되어 있었다. 그것은 〈그림 7〉에서도 볼 수 있듯이 얼음막대는 원형으로 만곡한다는 가정이다. 타원이든 포물선이든 만곡도가 작다면 원이라고 봐도 무방하기 때문에 이 가정은 올바른 것이라고 생각된다. 아울러 종래 다양한 물질에 대해 측정해본 결과도 이 가정이 정당하다는 사실을 인정해왔다. 이 때문에 이 가정에 의심을 품은 사람이 거의 없어서 이런 가정이 포함되어 있다는 사실조차 모두들 까마득히 잊어버린 상태였다.

하지만 자연계는 실로 복잡하다. 얼음 결정처럼 우리 주변 가까이에 있는 것도 이런 가정에 따르지 않고 V자형으로 바뀐다. 참으로 신기한 변형이다.

그러나 여기서 한 가지 의문이 생긴다. 권두 그림 속표지 상단의 b)나 c)같이 변한다면, 한눈에 보기에도 V자형이라는 것을 금방 알 수 있었을 것이다. 그런데도 그것을 원형이라고 생각했다는 것이 신기하다. 왜 원형이라고만 생각했을까. 사실 이 정도까지 구부려보면 금방 알 수 있었겠지만 일반적으로 이 정도까지 구부리지 않은 채 측정했던 것이다. 너무 심하게 구부리면 여러 다른 요소들이

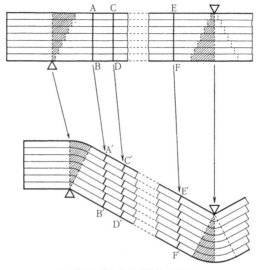

〈그림 9〉 얼음의 단결정의 층상구조

영향을 끼치기 때문에 원형인지 V자형인지 구분이 가지 않을 정도까지만 구부려 측정한 뒤, 그 결과를 이론적으로 끄집어냈던 것이다.

그렇다면 얼음 역시 아주 조금 구부릴 때는 원형으로 구부러지고, 심하게 구부리면 V자형이 되는 건 아닐까? 이점에 대해 확실히 해둘 필요가 있다. 그렇다면 아주 미세하게 구부릴 경우를 다루는 것이므로 굳이 V자형까지 다룰 필요가 없어진다. 아주 조금만 구부릴 경우, 원형인지 V자형인지 겉모습만으로 판별하기란 쉽지 않지만, 교차 편광판 아래서 조사해보면 금방 알 수 있다. 권두 그림 속 표지 상단의 a)의 사진이 그 예이다. 전체적으로는 아직 거의 직선처럼 보일 정도로만 구부러져 있다. 하지만 그래도 네 부분의 구분이 명암 차이로 확연히 표출되어 V자형임을 명확히 드러내고 있다. 원형이라면 경계는 생기지 않고 검정을 뿌옇게 한 것처럼 비칠 것이다.

이것으로 눈의 단결정의 경우 특이하게 변형된다는 것이 확인되었다. 그렇다면 이런 변형이 어째서 일어나는 것일까. 눈의 결정은 육방정계六方晶系(결정성 고체가 가질 수 있는 결정구조 중 하나-역자 주)에 속하는데, 결정 전체가 일정한 구조를 가지고 있는 것이 아니라 주축 방향으로 마치 종이를 겹친 것 같은 구조로 되어 있다. 변형은 바로 이 종이 사이가 조금 어긋나면서 우연히 생겨났다고 할 수 있다. 이럴 가능성이 가장 높다. 이 외에 뒤틀리게 하는 힘이 집중된 곳에는 특수한 결정의 경계가 생긴다는 것도 가정해볼 필요가 있다. 이것은 미각경계small angle boundary로 금속 결정의 경우에서는 이미 알려진 사실이다. 변형은〈그림 9〉처럼 일어난다. 그렇다고 치면 처음에 수직으로 그려넣은 평행한 마크 A, B는 변형 후 A′, B′가 되면서 역시 수직이면서 상호 평행하다. 또한 처음에 매끈했던 세밀한 선은 변형 후 지그재그 선이 될 것이다. 훗날 연구를 통해 알게 된 사실이지만 이 층의 두께는 약 0.05mm이기 때문에 지그재그 계단은 0.05mm 정도의 자잘한 것이다. 언뜻 보면 마치 직선처럼 보인다. 하지만 현미경 사진에서는 이 계단이 잘 보인다.

권두 그림 속표지 하단 사진은 그 일례다. 수평으로 나란히 있는 무수한 평행선들은 미끄럼층이 사진에 찍힌 것이다. 이것은 푸코Jean Bernard Léon Foucault(프랑스의 물리학자-역자 주)의 촬영사진법이라는 특수촬영법을 쓸 경우 찍을 수 있다. 비스듬한 평행선은 얼음 표본의 사각 얼음막대 전면에 표시해둔 마크다. 마이크로톰microtome(현미경용 시편을 제작하기 위해 사용하는 얇게 자르는 장치-역자 주)으로 표면을 얇게 자르면 날의 움직임에 의해 이렇게 가느다란 선의 흔적이 생긴다. 그것을 마크로 사용한 것이다. 사진을 통해 잘 알 수 있듯이 이 마크는 가느다란 지그재그 형태를 이루고 있다. 이 사진은 얼음 단결정의 층상구조를 나타내는 좋은 예라고 할 수 있다.

기존까지는 단결정의 경우 원자가 결정격자에 따라 배열된 것이라고 생각되고 있었다. 그런데 이처럼 종이를 겹친 것 같은 층상구조의 존재가 새롭게 발견되었다. 물론 금속 결정의 경우 그 존재가 이미 알려져 있었지만, 금속은 내부를 들여다볼 수 없기 때문에 이런 식으로 사진을 찍을 수 없었다. 적어도 그 점에서는 새로운 지식이었다.

그런데 이런 발견이 어째서 가능했던 것일까. 표본의 만곡 상태에 대한 정성적 연구가 선행되었기 때문이다. 만약 거울의 기울기를 사용하는 '정밀 측정'만 계속 진행했더라면 상세한 수치를 많이 얻었을 것이고 언뜻 보기에 정량적으로 크게 진전된 연구처럼 보였겠지만, 그 사실 여부는 결코 알 수 없었을 것이다.

이 이야기는 오늘날처럼 과학이 진보한 시대에도 정성적 연구는 여전히 필요하다는 사실을 드러내는 하나의 예로 꼽을 수 있을 것이다.

정성적 연구, 즉 측정 대상의 대해 그 성질을 꼼꼼히 살펴본다는 것은, 연구의 초보적 단계만이 아니라 연구의 전 기간에 걸쳐 항상 중요한 일이다.

제9장
실험

자연과학의 가장 큰 강점은 실험을 할 수 있다는 것이라는데, 사실 맞는 말이다. 실험을 할 수 있다는 것은 과학의 커다란 특징이다. 따라서 실험이라는 것에 대해 본질적인 측면에서 살펴보고 싶다.

앞서 언급했던 것처럼 자연계에 실제로 일어나고 있는 현상은 결코 '재현 가능'하지 않다. 같은 과정을 두 번에 걸쳐 실험했을 때 꼭 동일한 결과가 나오리란 법은 없다. 한 장의 종이를 어떤 높이에서 떨어뜨려봐도 똑같이 떨어지는 법이 없다. 하지만 그것을 '재현 불가능'이라고 말해버리면 더 이상 과학이 비집고 들어갈 여지가 없어져버린다. 그래서 이런 경우에는 자연계에는 일정한 법칙이 있어서 '재현 가능'하지만, 여타 다른 이유로 동일한 결과를 얻을 수 없다고 생각한다. 그래서 다른 방해요소를 제거해주면, 즉 외계의 조건을 일정하게 해주면 동일한 현상이 일어날 것이라고 생각한다. 다른 조건을 최대한 일정하게 만들어주고, 어떤 현상을 일어나게 해본다. 그것이 바로 실험이다. 물론 조건을 완벽히 일정하게 만드는 것은 불가능하다. 적어도 시간적으로 다르다. 하지만 최대한 조건을 일정하게 해준다면 점점 '재현 가능'에 가까운 상태를 얻을 수 있다고 생각해서 그런 조건을 되도록 간단히, 혹은 일정하게 해보는 것이다.

하지만 조건을 완전히 일정하게 한다는 것은 매우 곤란한 일이다. 그래서 일반적으로 이른바 보정을 통해 다른 요소들 때문에 발생하는 방해요소를 제거한다. 이런 현상을 지배하는 외계의 조건에는 수많은 요소들이 있는 경우가 보통이다. 그래서 요소 하나하나에 대해 그 요소가 담당하고 있는 역할을 우선 조사한다. 역할이란 그 요소가 얼마만큼 변할 때 목적으로 하는 성질의 측정에 얼마나 영향을 주는지를 말한다. 각각의 요소에 대해 개별적으로 조사해서 일정한 조건의 경우로부터 격차만큼 빼서 계산한다. 이것이 보정의 의미이며, 실험할 때의 근본적 방식 중 하나다. 바로 여기에 앞서 말했던 분석이 등장한다.

구체적인 예를 하나 들어보자. 어떤 실에 대해 그 길이를 정밀하게 재는 문제가 부여되었다고 치자. 이것은 상당히 까다로운 문제다. 실은 실제로 재어보면 금방 알 수 있듯이, 그 길이를 정밀하게 측정하는 것이 거의 불가능에 가깝다. 오히려 정밀한 길이가 없다고 표현하는 편이 나을지도 모른다. 실을 잡아당기지 않고 축 늘어지게 해두면 애당초 길이를 잴 수 없다. 그렇다고 세게 잡아당기면, 어떻게 잡아당기느냐에 따라 다양하게 늘어난다. 심지어 습도도 문제다. 실에 습기가 있거나 바싹 말라 있으면 길이가 늘어나거나 줄어든다. 아울러 온도도 문제다. 그래서 정밀히 재어보면 장력이나 습도, 혹은 온도에 따라 길이가 천차만별이다. 이 경우 매번 다른 값이 나온다고 하면, 측정 자체에 아무런 의미가 없어진다. 따라서 다른 요소를 일정하게 해두고, 그중 하나의 요소만을 바꿔본다. 예를 들어 일정한 습도 및 온도하에 장력을 점점 바꿔가며 길이를 재어본다. 혹은 장력을 일정하게 해두고 습도를 다양하게 바꿔가며 재어본다. 그런 식으로 길이 측정을, 각 요소별로, 그 요소의 함수로서 정밀히 실시한다. 그렇게 하면 다양한 요소들이 서로 중첩된, 어떤 조건하에서의 실의 길이를 확정할 수 있다.

실 같은 경우는 오히려 알기 쉽다. 철이나 구리로 된 철사의 길이도 본질적으로는 동일하다. 습도는 그다지 문제가 되지 않지만 온도나 장력의 영향을 받는다. 극히 정밀히 재어보면 조건에 따라 길이가 모두 다르다. 어떤 것의 길이를 재는 간단한 경우라도, 여러 조건하에서의 길이라는 것밖에는 말할 수 없다.

제6장에서 언급했던 것처럼 생명과학과 물질과학은 성질이 매우 다르다. 생명현상은 외부 조건에 따라 현저히 다르기 때문에 그 본질적 기능이나 성질을 조사하기가 무척 어렵다. 이 점이 물질과학과는 본질적으로 다른 측면임을 이미 언급했다. 하지만 그것은 일반론의 경우다. 조금 더 깊이 파고들어가 보면 물질과학의 경우도 그 성질은 항상 특정 조건하에서만 결정된다. 어떤 물질이 어떤 성질을 가지고 있다고 말할 때는, 특정 조건하에서라는 전제가 반드시 부가되어 있다. 그러므로 외계의 조건에 의해 성질이 다르다는 것은 생명과학뿐만 아니라 물질과학에서도 본질적으로는 마찬가지다. 한쪽은 정도가 심하고, 다른 한쪽은 우리들이 필요로 하는 정밀도의 범위 안에서 그다지 문제가 되지 않는다는 정도의 차이가 있을 뿐이다. 그보다 더 문제가 되는 점은 분석과 종합이라는 방법이 적용될지의 여부에 있다. 조건을 정하지 않으면 사물의 성질이 결정되지 않는다고 해도, 실험의 경우 모든 조건을 완벽히 일정하게 할 수 없다. 그래서 조건을 각 요소로 나눠 그 영향을 조사하고, 조사 결과를 정리한 것을 특

정 조건하에서의 어떤 것의 성질이라고 간주한다. 습도의 영향, 온도의 영향이라는 식으로 표현하는 것은 이미 분석을 하고 있다는 말이다. 그런 것들이 모두 모인 것들이, 부여된 특정 조건이며, 그 조건하에서 실의 길이라는 성질이 결정된다. 분석한 것을 종합한 결과가 전체의 성질을 나타낸다고 간주하는 것이다. 이 방법이 적용되는 범위가 물질과학의 경우에는 매우 넓고, 생명과학의 경우에는 좁은 것이다.

생명현상은 매우 복잡하다는 말을 자주 하는데, 복잡하다고 하면 다소 오해를 초래할 소지가 있다. 복잡하다는 의미가 요소가 많다는 것이라면 아무리 많아도 괜찮으니 각각의 요소로 나눠 실험을 많이 하면 된다. 끈기만 있으면 되는 문제다. 물질과학의 경우라면 요소가 고작 두세 개인데, 생명현상은 몇백 혹은 몇천이나 된다고 해도, 그 모든 것들을 분류해서 하나하나 끈기 있게 실험만 하면 된다. 시간이 너무 걸린다거나 기계가 아주 많이 필요하다거나 연구비가 늘어난다는 것은 과학의 본질과 무관한 이야기다. 그 때문에 복잡하다는 것은 단순히 요소가 많다는 것만이 아니다. 분석과 종합의 방법이 유효한 범위가 좁고, 그 깊숙이에 기존의 과학적 방법으로는 다룰 수 없는 영역이 광범위하게 남아 있다는 말이다. 앞서 언급했던 것처럼 생명과학에서 특히 발달한 분야는 생명력이 영위하는 다양한 현상 중에서 물리화학적 현상이라는 측면이다. 그런 분야라면 분석과 종합이라는 방법을 구사할 수 있기 때문이다.

그런데 조건을 정해 각 요소에 대해 실험해보면 어떤 이점이 있을까. 첫째, 새로운 사실을 발견할 수 있다. 앞서 예로 들었던 실의 길이의 문제로 되돌아가면, 실의 길이를 습도의 함수로 재어보면 묘한 일이 벌어진다. 장력과 기타 조건을 모두 일정하게 해놓고 습도만의 함수로 재어보면 점점 습기를 더해가게 할 경우와 건조시킬 경우에 따라 길이가 달라진다. 만약 어떤 일정한 습도가 되었을 때의 길이를 정밀하게 재어본 후, 이것에 조금 더 습기를 더하게 해준다. 그리고 나서 점점 건조시켜가며 앞서 쟀을 때와 동일한 습도가 되었을 때 다시 한 번 정밀하게 길이를 재어본다. 그러면 실의 길이가 앞서 쟀던 값과 달라져 있다. 그래서 다른 요소들을 각각 일정하게 했을 경우, 실의 길이에 미치는 습도의 영향을 현재의 습도만으로는 정확히 알 수 없게 된다. 이전에 좀 더 건조해 있었는지, 습기를 머금고 있었는지에 의해 길이가 달라지는 것이다. 즉 물리현상에도 과거의 역사가 영향을 끼치는 경우가 있다는 말이다. 이것은 매우 흥미로운 사실이어서 하나의 새로운 지식을 얻을 수 있었다. 실의 길이는 까다로운 문제로 조건에 따라 다양하다고 파악하고 끝이었다면, 이런 지식은 얻을 수 없었을 것이다. 지식을 하나하나의 요소로 나눠 실험해봄으로써 비로소 이런 새로운 지식을 얻을 수 있었던 것이다. 이런 종류의 현상은 자기의 경우에도 이미 알려져 있다. 이른바 이력현상hysteresis(물체의 상태가 현재 그것이 놓인 조건에 의해서만 결정되지 않고 과거의 이력에 의해 좌우되는 현상-역자 주)이라는 것이 그것이다. 전류가 변압기를 지날 때 전력이 소모되는 것은 바로 이 히스테리시스, 이력현상에 의한 것으로 전기공학 쪽에서는 중요한 문제다. 대부분의 경우 물질의 성질은 현재의 조건으로 결정되지만, 과거의 조건이 영향을 끼치는 경우도 있다. 이런 커다란 발견을 실의 길이를 재는, 언뜻 보기에 간단해 보이는 실험을 통해 알 수 있었다. 이는 매우 흥미로운 사실이다. 이 문제뿐만 아니라 재미있는 현상은, 조건이 복잡하면 어떠

한 사실이 숨겨져 있는 경우가 많다는 것이다. 또한 대부분 그 영향이 미세하기 때문에 정밀한 측정을 해봐야 알 수 있다. 정밀한 측정을 하려면 다른 조건을 일정하게 해두고, 특정 요소가 끼치는 영향만 살펴봐야 한다. 즉 조건을 단순하게 만들면 숨겨져 있던 새로운 사실을 알게 되는 것이다.

자연과학 분야에서 이뤄지는 실험에는 이 밖에도 다양한 특징, 혹은 장점이 있다. 조건을 단순화하거나 단순화된 조건의 강도를 극도로 높여 흔히 볼 수 없던 현상을 발견할 수 있다. 예를 들어 실제 자연현상에 보이는 온도는 -70℃ 정도에서 아무리 높아봐야 2,000℃ 정도까지다. 하지만 실험을 할 때 극단적인 온도로 유도하면, 낮게는 거의 절대영도(실현 가능한 최저 온도로서 - 273.15℃. 절대온도의 기준 온도-역자 주)에 가까운 지점까지, 높게는 최근의 핵융합 실험에서처럼 500만℃의 고온까지 얻을 수 있다. 그렇게 하면 일반적인 조건에서는 숨겨져 있던 성질이 마침내 드러나면서 이를 통해 새로운 지식을 얻게 되는 경우가 종종 있다.

예를 들어 금속 철사의 전기저항을 측정할 때 온도를 낮

추면 점점 전도가 좋아진다. 전도가 호전되는 비율은 온도 강하에 따라 일정한 비율로 좋아진다. 하지만 절대영도에 가까운 저온에 이르면 급격하게 저항이 떨어지더니 거의 저항이 없는 상태가 된다. 금속의 성질에 대해서는 공학적 조사가 잘 이뤄지고 있었지만, 원자론적으로는 극히 최근까지 거의 연구되지 않았다. 매우 어려운 문제였기 때문이다. 금속의 물성에 대한 물리적 연구에서는 이 극저온에서의 초전도 현상이 매우 유용했다. 실은 보통 온도 상태에서도 존재하던 성질이었지만, 보통 온도에서는 금속 분자의 열운동으로 말미암아 이 성질이 드러나지 않았다. 하지만 극저온 상태인 절대영도에 가까워지면 분자의 열운동이 거의 0에 가까워지면서 지금까지 감춰져 있던 성질이 갑자기 드러났던 것이다. 실험을 통해 새로운 지식을 얻을 수 있었던 예라고 할 수 있다.

감춰져 있던 성질이 드러나는 것이 아니라, 완전히 새로운 성질이 나타나는 경우도 있다. 퍼시 브리지먼Percy Bridgman(1882~1961)이 노벨상을 받았던 유명한 얼음 연구가 좋은 예라고 할 수 있다. 일반적인 얼음은 0℃에서 언다. 단, 1기압일 경우의 이야기다. 압력이 높아지면 빙점은 점점 내려간다. 예를 들어 2,000기압이 되면 -4℃가 돼도 얼지 않는다. 과냉각현상이 아니라 진정한 빙점인 것이다. 그러나 2,000기압 이상이 되면 다른 종류의 얼음이 생겨난다. 기압이 더 높아지면 또 다른 얼음이 생긴다. 여태까지 총 7종류의 얼음이 발견되었다. 일반적인 얼음이 얼음 I이고, 이하 얼음 II, 얼음 III… 등이 있으며, 얼음 VII까지 발견되었다. 이 마지막 얼음 VII은 매우 신기한 얼음이다. 약 2만2,000기압이 되면 얼음 VI이 얼음 VII이 되는데, 이때의 온도는 81.6℃다. 일반적인 얼음이라면 1기압하에서 수증기와 물과 얼음이 공존하고 있는 온도가 빙점, 즉 0℃다. 일반적으로는 0℃에서 물이 얼어 얼음이 된다고 말한다. 얼음 VII의 경우, 2만2,000기압하에서 물과 얼음 VI과 얼음 VII이 공존한다. 그 온도가 81.6℃인 것이다. 요즘 표현으로 말하자면 '빙점' 81.6℃에서 얼음 VI이 '얼어' 얼음 VII이 된다는 말이다. 81.6℃라면 손을 댔을 때 화상을 입을 정도로 높은 온도다. 얼음을 만지다가 화상을 입으리라고는 꿈에도 생각해보지 못했을 것이다. 하지만 조건을 극도로 강화하면 이런 일도 생기는 것이다. 완전히 새로운 성질을 찾아낸, 브리지먼의 매우 유명한 연구다.

지금까지의 이야기는 이른바 고전적 물리학의 예라고 할 수 있다. 요즘 한창 연구되는 원자핵 방면의 실험은 실험 장치 규모가 매우 커서 거의 중공업적 설비까지 필요하다. 규모가 커졌을 뿐만 아니라 구조도 매우 복잡해졌다. 오히려 실험하는 사람들이 기계의 일부가 되어 측정을 행하는 형국이다. 그 때문에 앞서 언급했던 고전적 물리학과는 실험의 의미가 완전히 달라졌다고 생각하기 쉽다. 하지만 그런 대규모 실험에서도 현상을 분석하거나 조건을 강화함으로써 새로운 성질을 찾아내는 것은 여전하다. 예를 들어 몇천만, 혹은 몇억 전자볼트 같은 빠른 입자를 만든다는 식으로 조건을 극도로 강화하고, 측정의 정확도를 현저하게 높여, 지금까지 드러나지 않았던 성질을 연구한다. 이런 과정은 본질적으로는 모두 마찬가지다. 하지만 여기에 새로운 요소가 하나 더해졌다.

그것은 바로 측정기 자체의 정교함이다. 과거에 비해 정교해졌다는 이야기일 뿐, 본질적인 문제는 아니라고 생각될지도 모른다. 하지만 연구의 주체가 인간인 이상, 측정기가 정교해지면 인간의 능률이 월등히 올라가므로 매우 중대한 의미를 지닌다. 즉 연구자의 수명이 현저히 늘어난 것이나 마찬가지다. 동시에 측정기가 정교해지면 인간의 감각기관의 기능도 향상된다. 그러므로 향후 행해질 실험에서는 정밀기계가 일종의 초인적 역할을 할 것이기 때문에 실험의 진보 속도도 매우 빨라질 것이다.

그런데 요즘처럼 실험 장치가 매우 복잡해지고 규모도 커지면, 시험 삼아 한번 시도해보는 실험 형태는 불가능해진다. 따라서 실험 기계를 설계할 때는 신중을 기할 필요가 있다. 실험 기계의 기능을 면밀히 조사하고 꼼꼼히 계산한 뒤 제작에 임해야 한다. 원자핵 방면의 실험은 그 대표적인 예다. 오늘날처럼 고에너지 입자나 초고온을 다루는 경우에는 당연히 그렇게 해야 한다.

하지만 이런 장치는 이른바 실용화를 향한 중간 테스트 같은 것이다. 원리를 충분히 이해하고 진정한 의미에서의 실험, 즉 테스트 실험이 끝나야 비로소 착수할 수 있다. 처음에 새로운 실험을 시작할 때는 도저히 생각조차 못 해봤던 것들이 계속 여기저기서 발생하기 마련이다. 기계 규모가 커지고 정교해질수록 측정은 세밀한 부분에 이르지만, 그 대신 문제를 다루는 범위는 좁아진다. 그래서 기계를 사용하는 이런 실험은, 한 줄의 선 위를 최대한 멀리까지 도달하는, 좁은 형태의 연구가 되기 쉽다. 실용화로 이어지기 위해서는 이런 실험이 매우 중요하며, 애당초 일본에는 이런 종류의 연구가 부족하므로, 앞으로 더더욱 이 방향으로 나아가야 한다.

하지만 오늘날처럼 과학이 전문화되고 발전해도, 완전히 새로운 발견이란 기존에 미처 생각지도 못한 부분에서 나오기 마련이다. 극단적인 표현을 쓰자면 우연히 발견되는 경우가 많다. 완전히 새로운 것이라면 전혀 예상하지 못했다는 말이므로, 우연히 발견되었다는 쪽이 오히려 더 자연스럽다.

개략적으로 20세기의 원자론은 영국의 캐번디시연구소Cavendish Laboratory에서 처음으로 시도되었다가 훗날 미국에서 대성했다고 말할 수 있다. 바로 그 캐번디시연구소의 최대의 수확으로 프랜시스 애스턴Francis William Aston(1877~1945)에 의한 동위원소의 발견과 찰스 윌슨Charles Thomson Rees Wilson(1869~1959)의 구름상자(안개상자)를 우선 꼽을 수 있다. 그런데 이런 성과들은 하나같이 우연의 결과였다. 다른 목적 때문에 수행했던 실험의 부산물들로, 뜻하지도 않았는데 우연히 발견되었던 것이다.

19세기가 끝날 무렵 전자의 존재는 이미 다양한 측면을 통해 확인되었다. 하지만 당시 영국 학자들은 이것을 작은 입자라고 간주했고, 유럽 대륙 학자들은 파장이 짧은 파동이라고 생각했다. 전자에는 입자와 파동이라는 두 가지 성질이 있다고 추측되고 있는데, 이런 사고방식의 씨앗은 이미 당시부터 존재했던 것이다. 그런데 영국 측 대표주자였던 조지프 톰슨Joseph John Thomson(1856~1940)이 전자를 대전한 소립자로 간주하고 대전량과 질량과의 비율 $\frac{e}{m}$을 측정했다. 전기장과 자기장을 적당히 부여하고 전자가 달리는 길을 조사했더니 $\frac{e}{m}$이 얻어졌던 것이다. 연구 결과 어떤 경우에도 전자의 $\frac{e}{m}$의 값은 일정했기 때문에 전자는 m이라는 질량을 가지고 $-e$의 대전량을 가진 입자라는 시각이 널리 통용되게 되었다. 그러자 전자의 성질을 파동이라고 보는 시각은 어느새 사라져버렸다.

　톰슨은 이 실험의 성공에 이어 양이온에 대해서도 비슷한 측정을 시도했다. 분자에서 전자가 튀어나간 후 $+e$ 전기를 가진 질량 M의 입자, 즉 양이온이 된다. 전자의 경우 m은 일정하지만 M은 분자의 질량이기 때문에 물질에 따라 모두 다르다. 하지만 일정한 원소에 대해 M은 일정하기 때문에 $\frac{e}{m}$ 도 일정한 값이 되어야 한다. 물론 화합물인 분자는 분열되기 때문에, 예를 들어 메탄가스 CH_4에서 CH_4^+ (M=16), CH_3^+ (M=15), CH_2^+ (M=14), CH^+ (M=13) 등의 이온이 생긴다. 이때 M은 각 이온에 따라 제각각 다르다. 어쨌든 e는 알고 있기 때문에 $\frac{e}{m}$ 을 측정해보면 분자 혹은 분자 조각 하나하나에 대해 그 질량 M을 파악할 수 있다. 매우 흥미로운 실험이다. 그래서 이런 실험을 시작하게 되었던 것이다. 그런데 실제로 측정해본 결과, 예상했던 $\frac{e}{m}$ 이외에, 일정한 원소에 대해서 $\frac{e}{m}$ 의 수치가 두 개, 세 개 나왔다. 이에 따라 종래까지 공리로 간주돼온 사항, 즉 원소는 일정하다는 사고방식에 오류가 있다는 사실을 알게 되었다. 동일 원소 중에도 무게가 다른 원소, 즉 동위원소가 있으며 그런 것들이 뒤섞인 것을 지금까지 원소라고 생각했던 것이다. 동위원소의 연구는 톰슨의 조수를 역임했던 애스턴에 의해 더더욱 발전하여 오늘날의 원자론의 기초를 이루었다. 동위원소라는 개념이 없었다면 원자론은 완성되지 않았을 것이다. 그토록 중요한 발견이었지만 그 출발은 양이온의 $\frac{e}{m}$ 측정의 부산물에 불과했다.

윌슨의 구름상자(안개상자)는 방사선의 비적飛跡(구름상자 속을 양이나 음의 전하를 띤 입자가 통과할 때 나타나는 궤도-역자 주)을 볼 수 있게 해주는 장치다. 양전자, 중성자, 중간자meson 모두 구름상자가 있었기에 비로소 발견될 수 있었다. 이런 소립자의 발견이 없었다면 원자핵 연구는 첫걸음도 뗄 수 없었을 것이다. 그렇다면 원자력 개발도 불가능했을 것이다. 그토록 중대한 의미를 가진 이 장치는 애당초 원자 구조 연구를 위해 고안된 것이 아니었다. 비가 어떻게 내리는지 연구하던 과정 속에서 우연히 얻어진 부산물이었다.

수증기가 상공에서 응축해서 구름이 되고, 구름 입자가 모여 비가 되어 내린다. 이 정도로 간단한 사실이 실은 여전히 충분히 이해되고 있지 않았다. 맨 처음에는 수증기가 응축해서 구름 입자가 될 때 핵, 즉 심이 될 만한 것이 필요하다. 핵이 되는 것은 매우 작은 먼지인데 그 외에도 이온이 수증기의 응축을 일으키는 것으로 알려졌다. 그래서 윌슨은 음이온과 양이온이 수증기의 응축을 일으키는 작용에 대해 연구하고 있었다.

수증기로 포화 상태인 공기를 급격히 팽창시키면 온도

가 내려가며 과포화 상태가 된다. 이에 따라 공기 중에 핵이 될 만한 것이 있으면 그것을 중심으로 수증기가 응축하면서 하얀 안개가 생긴다. 윌슨은 실험용 유리용기를 거꾸로 한 후, 목 부분에 딱 맞는 시험관을 삽입하고 이것을 급격하게 잡아당겨 실험용 유리용기 내부에 있던 공기를 팽창시켰다. 시험관을 피스톤처럼 사용한 것이다.

이 실험용 유리용기 안에 먼지를 제거한 공기를 주입하고 외부에서 X선이나 라듐 방사선 빛을 쏘면서 급격히 팽창시키자 내부에서 하얀 안개가 발생했다. 그 상태를 조사하고 있었던 것이다. 가장 중요한 것은 양이온과 음이온이 어떻게 다른지에 대해서였다. 해당 연구를 하고 있다가 바늘로 음이나 양의 전하를 띤 고전압을 부여해 이른바 첨단방전尖端放電을 일으켰을 경우, 양이온이나 음이온이 바늘 끝에서 얼마나 멀리까지 퍼져나가는지 조사하게 되었다.

그래서 실험용 유리용기 안에 바늘을 집어넣고 여기에 고전압을 투입해 급격히 팽창시켜보았다. 그러자 하얀 안개가 다수 만들어졌지만 유리용기 안의 공기가 소용돌이를 일으켰기 때문에 공간적으로 어느 범위에서 안개가 생

기는지 살펴볼 수 없었다. 이온의 공간 배치를 보기 위해서는 팽창에 의해 내부 공기가 사방으로 흩어지지 않게 할 필요가 있었다. 그래서 실험용 유리용기 말고 낮은 원통형 용기를 만들어 밑바닥 전체를 급격히 아래로 내리기로 했다. 바닥 전체를 피스톤처럼 활용한 것이다. 이렇게 하면 공기가 사방으로 흩어지지 않을 것이기 때문에 이온을 중심으로 만들어진 작은 물방울은 원래 이온이 있던 위치에 멈춰 있다. 이온은 눈으로 볼 수 없지만, 물방울은 볼 수 있다. 그래서 물방울 배치를 보면 이온의 배치를 본 것이 된다.

이 장치로 첨단방전 연구를 할 작정이었는데, 팽창시켜 봤더니 하얀 선이 보였다. 라듐을 사용하고 있었기 때문에 에마나치온(라돈, 라듐 따위가 알파선에 의해 붕괴될 때에 주위에 생기는 방사성 기체 원소-역자 주)이 공기 중에 뒤섞여 있어서 알파선이 나왔던 것이다. 방사선 입자가 달리는 도중, 공기 분자와 충돌해 이온을 만든다. 그 이온을 중심으로 물방울이 생겼기 때문에 이 하얀 선은 방사선 입자가 달린 흔적, 즉 비적인 것이다.

방사선 입자 하나하나에 대해 그 운동이 보인다는 것은

엄청난 발견이다. 그래서 첨단방전이나 비 연구는 제쳐두고 다양한 방사선에 대해 그 비적을 조사해 오늘날의 원자핵 구조론의 기초를 다지게 되었다.

이상과 같은 두 가지 예를 통해서도 알 수 있듯이 새로운 발견은 우연히 발견되는 경우가 많다. 그러므로 실험을 할 때는 항상 눈을 부릅뜨고 관찰하는 것이 중요하다. 그리고 목적으로 하는 것 이외에도 뭔가 실마리가 얻어지면 그 의미를 적확하게 판단하고 경우에 따라서는 그 방향으로 돌진할 필요도 있다. 오늘날처럼 과학이 진보해도 여전히 우리들이 알지 못하는 것이 이 자연계에는 무수히 감춰져 있다는 사실을 항상 염두에 두어야 할 것이다.

제10장
이론

실험에 대한 이야기에 이어 이론이 가지는 의미에 대해 생각해보고자 한다.

실험과 이론은 수레의 양쪽 바퀴나 마찬가지라는 이야기를 많이 하는데, 자연과학은 실험과 이론이 병행해서 진행되는 것이 정도라고 할 수 있다. 이 양자의 밸런스에 의해 자연과학은 발전한다. 물론 이 점에 대해서는 이미 누구나 충분히 이야기하고 있지만, 여기서는 이론의 의미에 대해 좀 더 깊이 들어가 생각해보고자 한다.

실험에 의해 사물의 구체적 성질, 혹은 현상 간의 관계를 알게 되었다고 해도, 그것만으로는 아직 학문이라고 말할 수 없다. 이른바 학문의 정의 안으로 들어가기 위해서는 그런 지식에 어떤 체계가 만들어져야 한다. 체계가 있어야 비로소 그것이 유용한 지식이 된다.

그런데 개개의 지식에 체계를 세울 경우, 두 가지 방식이 있다. 하나는 이런 지식을 정리하는 것이다. 예를 들어 분류도 하나의 체계를 만든다. 사실 그런 작업도 결코 무시해서는 안 된다. 고전적 동물학이나 식물학 중 이른바 분류학이라 일컬어지는 부문도 의외로 유용한 방식이기 때문이다. 요즘 그런 학문 분야를 그다지 연구하지 않게

되어 자칫 초보적 학문이라고 생각되는 경향도 없지 않지만, 실제로는 그런 지식이 매우 유용하다.

하지만 그것만으로는 오늘날 우리들이 말하는 학문 체계가 성립되지 않는다. 오늘날 학문 체계라고 평가받는 것은 다양한 개개의 지식을 정리하는 것만이 아니라 종합한 것이기 때문이다. 자연현상은 복잡하지만 연속된 융합체라고 할 수 있다. 그것을 다양한 측면에서 살펴보면서 여러 지식을 얻는다. 그렇게 얻어진 많은 지식을 하나의 종합적 지식으로 구축하는 것이 체계를 만드는 것이다. 그런데 그런 체계를 만들면 어떤 점에서 유용할까. 그 효용성은 매우 크다. 많은 지식을 그저 모은 것만으로는 그다지 큰 도움이 되지 않는다. 하지만 이것을 유기적으로 종합해보면, 다음 단계로 이어질 학문의 발전을 촉진할 수 있다는 점에서 매우 중요한 역할을 하게 된다.

발전에는 다양한 의미가 있지만, 그중에서 가장 확실한 것은 이른바 '예상할 수 있는 것'이다. 물론 정확하게 예상할 수 있는 경우는 드물지만, 적어도 방향성을 제시할 수 있다. 다양한 지식을 종합함으로써 부족한 부분에 대해 인지하거나 향후 발전할 방면에 대해 알 수 있게 된다. 그리고 그 방향으로 새로운 연구를 시작한다. 이 과정이 매우 중요하며, 사실 이런 과정을 거쳐 오늘날의 자연과학은 발전해왔다고 할 수 있다. 이것은 과학의 모든 분야에서 행해지고 있다. 여기서는 우선 그중 대표적인 경우, 즉 과학에서의 예상에 대해 약간의 고찰을 시도해보고자 한다.

어떤 방면에 대해 다양한 지식이 얻어졌을 때 그것을 종합해보면 지금까지 미처 알아차리지 못했던 것을 예측할 수 있다. 그런 예상을 바탕으로 실험해보고 해당 사실을 확인해본다. 그리고 예상대로 딱 들어맞기도 한다. 그렇게 되면 몇 사람이나마 그 이론을 믿지 않을 수 없게 된다. 예상을 하고 그것이 훗날 실험에 의해 확인된 예는 적지 않다. 이른바 과학의 승리로 꼽을 수 있는 예들이다.

매우 좋은 예는 뉴턴의 역학으로 이미 잘 알려져 있다. 태양 주변으로 지구를 비롯한 다양한 행성들이 돌고 있다. 이 행성들의 운동은 만유인력, 즉 거리의 제곱에 반비례하고 양쪽 물체의 질량의 곱에 정비례하는 인력에 기인한다는 것이 뉴턴의 역학이다. 그런데 이 만유인력의 법칙을 활용해 실제로 지구나 목성, 토성의 운동을 계산해보았더니 조금씩 벗어나 있었다. 이 계산은 만유인력이 태양과 지구 사이, 태양과 토성 사이 등 두 물체 사이에 작용한다는 전제로 행해지고 있다. 태양에 비하면 매우 약한 힘이지만, 실은 그 외에 다른 행성 사이에도 만유인력이 작용한다. 그 영향을 계산해서 수치를 보정해봤더니 행성들의 운동을 좀 더 상세히 도출해낼 수 있었다.

그런 계산을 계속 해가면 점점 더 잘 들어맞게 되는데, 그럼에도 불구하고 당시 태양으로부터 가장 먼 행성이라고 생각되던 천왕성의 운동은 도무지 계산과 맞지 않았다. 그래서 천왕성보다 좀 더 바깥쪽으로 지금까지 알지 못했던 행성이 있을지도 모른다고 생각했다. 그리고 만약 그런 행성이 있어서 그 영향 때문에 이런 계산상의 오류가 발생했다면 어느 정도 거리에 어떤 행성이 있으면 좋을지 계산해볼 수 있다. 그렇게 계산을 해서 몇 월, 며칠, 몇 시, 몇 분에 어느 방향을 향해 망원경으로 살펴보면 필시 그런 행성이 보일 거라고 예측했다. 그대로 해봤더니 정말로 그런 행성이 발견되었던 것이다. 이것이 바로 해왕성이다. 해왕성의 발견은 뉴턴 역학을 매우 강력히 뒷받침해준 사건이었다. 그래서 뉴턴 역학이 엄청난 기세로 물리학 전반에 강한 영향력을 미치게 되었던 것이다.

하지만 그 후 점점 관측이 정밀해짐에 따라 행성끼리의 영향을 매우 상세히 조사해도 역시 실제 측정과 괴리가 있다는 사실을 알게 되었다. 그중 유명한 것이 태양과 가장 가까운 수성의 운동이다. 수성의 궤도는 그 근일점(태양 주변을 도는 천체가 태양과 가장 가까워지는 지점-역자 주)이 100년 동안 각도로는 약 574초나 이동하는 것이 관측에 의해 밝혀진다. 행성끼리의 영향을 만유인력 이론에 의해 계산하면 534초로 나온다. 나머지 약 40초에 대해서는 도무지 그 원인을 알 수 없었기 때문에 종전의 이론으로는 설명할 수 없었다. 그런데 아인슈타인의 일반상대성이론에 의한 만유인력 이론으로는 이 약 40초의 차이가 거의 완벽히 해명되었다.

이것이 상대성이론에 대해 믿음을 준 하나의 강력한 지지 기반이 되었다. 이것만으로도 엄청난 일이었지만, 나아가 아인슈타인의 이론이 올바르다면 태양 부근을 통과해오는 광선은 중력장의 영향을 받아 구부러질 거라는 결론이 나왔다. 아인슈타인은 그렇게 예측했던 것이다. 그때까지만 해도 빛이 진공상태를 지날 때 구부러질 거라는 생각은 전혀 해본 적이 없었기 때문에, 완전히 새로운 예측이었다. 이를 확인해보기 위해 영국의 일식 연구팀이 이집트에서 일식이 일어났을 때 그곳을 찾아가 매우 정밀히 관측해보았다. 그러자 아인슈타인의 예상대로 별이 조금씩 어긋난 상태로 사진에 비쳤다. 광선이 구부러지면 별의 위치가 조금씩 어긋난 상태로 보일 것이다. 이것도 예상이 적중한 훌륭한 예로 매우 저명하다.

그 외에도 유카와 히데키湯川秀樹 박사(소립자 이론에 관한 연구로 1949년 노벨 물리학상 수상-역자 주)의 중간자 이론이 먼저 나왔다가, 훗날 미국에서 구름상자 안에서 실제로 그 중간자가 발견된 예도 있다. 혹은 전자는 마이너스 전기를 가지고 있을 것이라고 믿어지고 있었지만 폴 디랙Paul Adrien Maurice Dirac(1902~1984·영국의 이론물리학자. 1933년 노벨 물리학상 수상. 양자역학과 전자스핀 연구로 유명-역자 주)의 이론에서는 양전자 즉 플러스(+) 전기를 지닌 전자도 있을 것임이 이론적으로 제기되었다. 이 이론이 나왔을 무렵에는 대부분의 사람들이 꿈같은 이야기라고 생각했는데 이후 칼 앤더슨 Carl David Anderson(1905~1991·미국 물리학자. 양전자 발견으로 1936년 노벨 물리학상 수상-역자 주)에 의해 구름상자 안에서 이 양전자가 발견되었다. 이런 것들은 모두 매우 탁월한 예로 과학의 역사에 길이 남을 이론이다.

그런데 이상에서 언급했던 예들 이외에, 조금 더 상세히 설명해두고 싶은 것이 있다. 제임스 클러크 맥스웰James Clerk Maxwell(1831~1879)에 의한 전파 예측이다. 이론이 실험 결과를 얼마나 잘 활용해 우리들의 지식을 심화시켜주는 지, 매우 잘 나타내주는 좋은 예라고 생각된다.

오늘날의 문명은 전기에 의한 문명이다. 그리스 시대부터 오늘날에 이르기까지 인류는 수많은 것들을 발견해왔지만 19세기부터 20세기에 걸쳐 혁명적으로 지식이 진보할 수 있었던 것은 결국 전기를 사용할 수 있게 되었기 때문이다. 만약 전기가 없었다면 오늘날 원자력도 세상에 나오지 못했을 것이다. 우리들의 일상생활 역시 전혀 다른 형태가 되었을 것이다. 전기는 거의 완벽히 우리들의 생활을 지배하고 있다. 전기 중에서도 전파의 문제는 매우 중요한 문제다. 매스컴을 통해 인류의 정신생활까지 좌지우지할 정도다. 이 때문에 전파야말로 오늘날의 문명의 커다란 특징이라고 해도 과언이 아닐 것이다. 전파의 존재, 즉 전기 및 자기장은 진공 속에서 마치 파동처럼 멀리까지 퍼져가는 것이라고 예언한 사람이 바로 맥스웰이다. 이 예언에는 수학적 이론이 기가 막힐 정도로 멋지게 활용되고 있다. 다양한 지식을 종합하기 위해 이론이 얼마나 유력한 것인지를 보여주는 매우 좋은 예라고 할 수 있다.

오늘날 우리들은 전기와 자기를 아우르는 '전자기'라는 단어를 사용하며, 전기와 자기를 별개의 것으로 다루지 않는다. 전파라는 표현도 쓰지만, 좀 더 엄밀히 말하자면 전자파라고 할 수 있다. 전기장의 파동과 자기장의 파동이 공간 속에서 전해지는 현상이다. 전기와 자기는 공간의 뒤틀림의 양면으로, 시간적 변화가 있을 경우 양자는 항상 동반된다. 하지만 시간적 변화가 없을 경우 양자는 개별적으로 출현한다. 전기는 호박琥珀을 고양이 가죽에 대고 비볐을 때 나온다. 이것은 분명히 말해 정전기 현상이다. 자기 쪽은 자철석이라는 광석이 상대방을 끌어당기거나 밀치거나 혹은 다른 철 조각을 끌어당기는 현상이다. 그래서 시간적 변화가 없을 경우 전기와 자기는 전혀 별개의 현상으로 나타난다. 자철석의 성질을 몰라도 정전기는 오늘날처럼 발전할 수 있는 학문이다. 아울러 고양이 가죽에 정전기가 일어난다는 사실을 몰라도 자기에 대한 학문

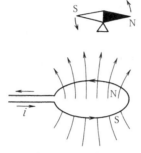

〈그림 10〉 외르스테드의 실험

은 오늘날처럼 만들어질 수 있었을 것이다. 그런데 19세기 초엽, 전기와 자기 사이에 연관성이 있다는 사실이 발견되었다. 그다지 유명하지는 않지만, 덴마크의 물리학자 한스 크리스티안 외르스테드Hans Christian Oersted(1777~1851)에 의해 발견되었다. 이것은 과학의 역사상 중대한 의미를 가진 발견이었다.

외르스테드는 철사로 작은 테두리를 만들어 그 안에 전류를 통하게 해두고, 그 테두리 가까이에 나침반 바늘을 가까이 가져가보았다. 그러자 나침반 바늘이 움직인다는 사실을 발견했다. 자석을 움직이는 힘은 자기라고 할 수 있으므로, 전류가 통하는 철사는 자석과 동일한 성질을 가진다는 사실이 발견되었던 것이다. 실험은 매우 간단했다. 〈그림 10〉에서 보여주는 대로다. 그렇다면 전류가 흐르고 있는 작은 철사 테두리는 어떤 자석에 상당할까. 〈그림 10〉의 방향으로 전류를 통하게 하면 이 테두리의 윗면이 남극 S가 되고 아랫면이 N이 된다. 물론 전류 방향을 반대로 하면 N과 S는 반대가 된다. 이렇게 편평한 자석과 동일한 자기장을 그 주위에 부여한 것이다. 그 자기장의 세기는 테두리에 흘려보낸 전류의 세기에 비례한다. 이것이 외르스테드의 법칙으로, 처음으로 전기와 자기 사이의 관련성을 밝힌 발견이었다.

여기서 문제가 된 것은, 자기장의 세기가 흐르는 전류에 비례한다는 비례정수였다. 자기장의 세기는 자기의 쿨롱의 법칙을 통해 단위가 결정된다. 전기의 세기는 전기의 쿨롱의 법칙을 통해 단위가 결정된다. 그래서 비례식 양측을 각각의 단위로 측정해 수식화해버리면 비례정수가 수식에 나오게 된다. 실제로 실험에 의해 이 수식을 나타내면 cgs 단위로는 $\frac{1}{3} \times 10^{10}$이라는 수치가 된다. 3×10^{10}은 진공 중 빛의 속도로 나오는 수식으로 이것은 c로 나타내게 되어 있다. 그러므로 비례정수는 $\frac{1}{c}$이 된다. 이것이 훗날 전자파 전파속도가 되는데 여기서는 단순히 자기와 전기의 관계식에 나오는 비례정수였다.

이상은 전기를 통하게 하면 주변에 자기상이 만들어신다는 것인데, 그렇다면 반대로 자기장을 통해 전기가 발생될 수도 있을 것이다. 이런 반대쪽 현상도 있을 수 있다고 생각했던 사람이 바로 패러데이였다.

패러데이는 자기장 안에 철사 테두리를 두고 이 테두리를 전량계에 연결시켰다. 〈그림 11〉에서 보여준 간단한 장치다. 이 가운데 전량계는 전해조(전기분해 시 전극과 전해액을 넣은 장치-역자 주)를 말한다. 초산은 수용액 안에 플러스(+)와 마이너스(-) 전극판을 집어넣은 것이다. 초산은은 용액 속에서 양전기를 가진 은이온 Ag^+와 음전기를 가진 초산은이온 NO_3^-로 분리된다. 전압이 가해지면 은이온은 음전극으로 달라붙어 은 도금이 되고, 초산은이온은 양전극으로 달라붙는다. 이온의 이런 이동이 전해조 안의 전류이며, 이것은 철사를 통하고 있는 전류 i와 동일한 수치다.

이 전량계는 전류를 측정하기 위한 것이 아니라 특정 시간 동안 지나간 전류량을 측정하는 장치다. 은이온의 대전량 e는 이미 알고 있기 때문에 음이온에 달라붙은 은의

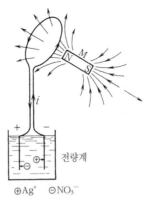
〈그림 11〉 패러데이의 실험

무게를 측정하면 여기에 흘렀던 모든 전류량을 계산할 수 있다. 전류 i가 일정한 시간은 전류계에서 i를 측정하고, 거기에 시간을 곱한 것이 모든 전류량이 된다. 하지만 i가 시간적으로 급격히 변화할 경우 전류계로는 측정이 불가능하다. 하지만 이 전량계라면 은의 무게를 측정하면 되기 때문에 아무리 도중에 전류가 변해도 모든 전류량을 잴 수 있다.

이대로라면 건전지 같은 것도 없으니 전류가 흐르지 않고 은도 달라붙지 않을 것이다. 하지만 이때 자석을 움직여서 자기장의 세기에 변화를 주자 철사 안에 전기가 흐른다는 사실을 알 수 있었다. 이것이 바로 패러데이의 감응 전기의 발견이다. 그때 발생하는 전류의 세기는 철사 테두리 안을 지나고 있는 자력선과 관계가 있어서, 자력선이 시간적으로 변하는 비율에 비례한다. 자력선은 자기장의 세기를 나타내는데, 이 숫자가 많을수록 자기장이 강하다는 것을 알 수 있다. 강한 자기장이 있어도 전기는 흐르지 않는다. 자기장의 시간적 변화가 빠르면 강한 전류가 흐른다. 예를 들어 〈그림 11〉의 장치에서 자석 M을 갑자기 멀리 치웠다고 치자. 그러면 테두리 안을 통하고 있던 자력선이 급격히 없어진다. 없어지는 비율에 비례해서 그림의 화살표 방향으로 전류가 흐르는 것이다. 변화 비율에 비례하기 때문에 매우 짧은 시간 안에 자기장이 없어지면 매우 큰 전류가 흐른다. 그러나 전류의 지속시간은 그 짧은 시간 안에 끝난다. 자기장이 없어지는 시간, 없어지는 방식은 일정하지 않기 때문에 전류도 단시간 안에 급격히 변하고 전류계에는 도저히 나타나지 않는다. 하지만 그 전류를 적분한 수치, 즉 흐른 모든 전류량은 전량계로 쉽게 측정할 수 있다. 전량계를 사용한 까닭은 변화하고 있는 시간 안에서 적분된 수치를 측정하기 위해서다.

그래서 전량계를 사용하면 전류의 세기가 자기장 변화의 비율에 비례한다는, 비례정수를 실험적으로 결정할 수 있다. 실제로 측정해보면 이 비례정수의 수치는 앞선 경우와 마찬가지로 $\frac{1}{c}$ 라는 수치다.

전기와 자기 사이의 관계에 대해 알아본 실험적 사실로는 이 두 가지뿐이다. 그러나 이 두 가지로부터 맥스웰은 전기 및 자기장이라는 것은 빛과 동일한 속도로 파동처럼 공간을 지나가는 것임을 이론적으로 도출해냈다. 심지어 놀랍게도 이때의 전파의 파동은 비례정수 c 의 수치, 즉 3×10^{10}cm/초의 속도로 전파한다는 것까지 이론적으로 추출해냈다. 빛도 실은 전자파의 일종이며 그저 파장이 매우 짧다는 차이가 있을 뿐이다. 그래서 전자파와 빛이 동일한 속도로 전달되는 것은 당연한데, 그 점에 대해서는 나중에 알게 된 일이다. 전기와 자기의 측정을 통해 빛의 속도 숫자 3×10^{10}이라는 수치가 나온다는 것은 매우 신기하게 보인다. 하지만 실은 신기한 일이 아니다. 빛도 전자파이므로 그 수치가 전자 간의 관계식 안에 나오더라도 전혀 이상할 바 없는 것이다. 그러나 자기장의 세기가 전류에 비례하고 그 비례상수는 $\frac{1}{c}$ 라는 식과, 감응전류의 세

기가 자력선의 수의 시간적 감소의 비율에 비례하며 그 비
례정수가 $\frac{1}{c}$ 라는 식을 아무리 노려보고 있어도 이 c 가 전
자파의 전파속도라는 사실은 알 수 없다. 그것을 맥스웰
이 이론적으로 도출했던 것이다.

외르스테드의 발견과 패러데이의 감응전기의 발견이
라는 두 사실로부터, 이론의 힘에 의해, 전자장이 파동처
럼 전달된다는 것이 어떻게 도출될 수 있었을까. 이 경우
에는 대체로 방식이 정해져 있다. 우선 이 두 법칙을 식의
형태로 표현한다. 이것이 맨 처음 할 일이다. 지금 예에서
는 전류의 세기와 그것이 발생시키는 자기장의 세기 사이
의 관계가 실험을 통해 알 수 있었던 것이지만 그대로 식
으로 써본다. 비례할 경우라면 비례정수를 삽입하면 등식
이 성립된다. 그런 식을 두 개 만들어둔다. 〈표 1〉에서
제시한 (1), (2)의 두 식이 그것이다. 하지만 이런 식들은
부여된 테두리에 대해 들어맞는 식이므로 실제 계산은 테
두리가 달라지면 모두 다른 계산을 해야 한다. 이런 식은
수학에서 적분형 식이라고 일컬어지고 있다. 그러나 적분
형 식은 단순한 수식의 전환에 의해 미분형으로 바꿀 수
있다. 미분형 식은 매우 작은 부분에 대해 적용시키는 식

이다. 이 식은 미분의 형태로 어떤 법칙이 성립되는지 나타낸 것이다. 그래서 외르스테드의 법칙 (1)식은 단순한 수식 전환으로 〈표 1〉의 (3)식이 된다. 다음으로 패러데이의 법칙 (2)식을 미분형 식으로 바꾸는데, 외르스테드의 경우 자기장의 세기를 전류의 함수로 했으나, 패러데이 쪽은 (2)식에 보이는 것처럼 전류를 자기장의 변화의 함수로 했다. 한편 자기장은 한쪽은 전류이기 때문에 대칭적인 형태를 취하기 위해서 전류를 전기장으로 바꾸고 싶다. 그런데 마침 옴의 법칙에 의해 전류는 전압에 비례한다는 사실을 알고 있다. 전압은 전기장의 하나의 변형이기 때문에 옴의 법칙을 미분형으로 바꿔 (2)식의 전환 도중에 삽입한다. 그러면 전기장과 자기장의 변화의 관계식, 〈표 1〉의 (4)식을 얻을 수 있다. (3)식과 (4)식은 내용적으로는 (1)식, (2)식과 각각 동일한 것으로, 단순한 수식 전환과 옴의 법칙의 도입에 의해 얻어진 식이다. (3)식 및 (4)식 안에 나오는 c는 (1), (2)식에서 온 것이며, 앞에서 나온 것처럼 3×10^{10}이라는 수치다.

그런데 이 두 식을 나열해보면 여기에 당초 예측된 가정이 필요해진다. 왜냐하면 식이 두 개인 곳에 변수가 H, E,

<表 1> 전자파의 존재를 나타내는 수식

A) **외르스테드의 법칙**
   자기장의 세기를 나타내는 양 θ이 전류 I에 비례하며, 그
   비례정수는 $\frac{1}{c}$ 라는 식

$$\theta = \frac{1}{c} I \qquad (1)$$

패러데이의 법칙
감응전류의 세기 I가 자력선의 수 Φ의 시간적 감소의 비율
에 비례하며, 그 비례정수는 $\frac{1}{c}$ 라는 식, R은 회로의 저항.

$$IR = -\frac{1}{c} \frac{d\Phi}{dt} \qquad (2)$$

B) (1)식을 수식 전환으로 미분형으로 바꾼 식, H는 자기장
   의 세기, i는 전류 밀도

$$\mathrm{rot}H = 4\pi \frac{i}{c} \qquad (3)$$

(2)식에 옴의 법칙을 도입해 미분형으로 바꾼 식, E는 전
기장의 세기

$$\mathrm{rot}E = -\frac{i}{c} \frac{\partial H}{\partial t} \qquad (4)$$

E, H, i는 벡터이며 크기와 방향을 가지고 있다.

C) 전기장의 변화도 전류의 일종이기 때문에 여기에도 외르
   스테드의 법칙이 적용된다는 가정을 도입한다. (3), (4)
   의 두 식은 수식 전환에 의해

$$\frac{\partial^2 E}{\partial t^2} = c^2 \nabla E^2 \qquad (5)$$

$$\frac{\partial^2 H}{\partial t^2} = c^2 \nabla^2 H \qquad (6)$$

이 된다. 이것은 E와 H 모두 c의 속도로 파동처럼 전달
된다는 식이다.

i 등 세 개나 있으면 곤란하므로 이것을 두 개로 줄이고 싶기 때문이다. 그 가정 중 하나는 전기장의 변화는 전류의 일종으로 보이기 때문에 전기장의 변화에도 외르스테드의 법칙이 적용되어 자기 작용이 발생한다고 보는 가정이다. 또 하나는 옴의 법칙의 경우 정상 전류에 대해 실험적으로 알려진 법칙인데, 전류가 매우 빠르게 변할 경우에도 그대로 적용된다고 가정한다.

이 두 가지 가정을 도입해 진공상태의 경우에 대해 앞서 나온 두 식을 단순한 수식 전환에 의해 식의 형태를 계속 바꿔간다. 그러자 마지막에는 〈표 1〉의 (5), (6)의 식이 얻어진다. 이 식 중에서 ∇^2라는 것은 x, y, z로 각각 두 번 미분해서 더한다는 것을 나타내는 기호다.

즉 이 두 가지 식 모두 시간으로 두 번 미분한 것이 공간적으로 두 번 미분한 것에 비례하며 그 비례정수는 c^2임을 나타내고 있다. 그러나 그런 식은 파동의 전파를 나타내는 식이다. 그 전파속도는 비례정수의 평방근이라는 것이 미분방정식 쪽에서 이전부터 잘 알려져 있다. 그래서 (5), (6)의 두 식을 일반적인 단어로 바꿔 말하면, 전기장도 자기장도 c의 속도로 전파한다는 말이 된다. 맥스웰은 이 마지막 식에 도달했기 때문에 전자파의 존재를 예언했던 것이다.

그런데 그 후 하인리히 헤르츠Heinrich Rudolf Hertz(1857~1894·독일 물리학자-역자 주)에 의해 실제로 공기 중에 그런 전자파가 존재한다는 사실이 발견되었다. 그리고 오늘날의 라디오, 텔레비전으로까지 발전했던 것이다. 아울러 한편으로는 전자파의 속도가 빛의 속도와 같다는 점을 통해서 빛도 전자파의 일종일 거라고 추정되었는데, 그것이 결국 확인되어 오늘날 광학은 전자광학으로 전자기학의 한 부분이 되었다.

앞서 수학은 인간의 두뇌로 만들어진 것이기 때문에 인간이 모르는 것은 수학에서 나오지 않는다고 언급했었다. 그러나 빛이 전자 현상이라는 사실을 몰랐음에도 불구하고 $\frac{\partial^2}{\partial t^2} = c^2 \nabla^2$라는 식이 그것을 가르쳐주었던 것은 기존의 설과 모순되지 않느냐는 지적이 있을지도 모른다. 하지만 그렇지 않다. 이 식은 전자파가 c 의 속도로 전달된다는 것만을 가르쳐주고 있다. 그러나 전자파의 속도와 빛의 속도가 동일하다는 사실을 알았기 때문에, 빛도 전자파의 일종인 것 같다는 힌트를 얻었던 것이다. 그리고 만약 그렇다면 지금까지 알려져 있는 빛의 성질 중 하나인 굴절률을 검토해보았더니, 정말로 빛도 전자파라는 사실을 알게 된 것이다.

어쨌든 전기장과 자기장이 c의 속도로 전파해가는 것을 수식으로 가르쳐준 것은 참으로 놀랄 만한 일이다. 그러나 이 수식은 내용적으로는 외르스테드의 법칙과 패러데이의 법칙, 즉 (1)의 식과 (2)의 식이 거의 같다. 가정이 조금 더해진 것뿐이며 본질적으로는 큰 차이가 없다. 그렇다면 전자파의 존재는 외르스테드의 법칙과 패러데이의 법칙 사이에 숨겨져 있었다는 말이 된다. 하지만 아무리 엄청난 천재라도 이 두 법칙을 통해 전기장, 자기장은 공간 속에서 파동처럼 전달되어간다는 사실을 짐작해낼 수 없었을 것이다. 그것은 맥스웰 정도의 두뇌를 가진 사람이 수식의 전개를 통해 비로소 깨달았던 내용이다. 수학이라는 것은 인간의 두뇌로 만들어진 것이긴 하지만, 그것은 개인의 두뇌에 의해 만들어진 것이 아니다. 수많은 수학자들의 두뇌에 의해 만들어진 것이며, 이른바 인류의 두뇌가 만든 것이다. 일종의 초인이라고 할 수 있는 수학의 힘을 빌려야만 외르스테드와 패러데이의 두 법칙으로부터 전파의 존재가 예언될 수 있었던 것이다.

즉 이론이 그 가치를 발휘할 경우는 이런 예들과 같다. 지식을 정리함으로써 보통 사람들이 미처 생삭해보지 못했던 부분에까지 사고가 깊어지면, 그를 통해 새로운 지식이 얻어지고 그다음의 발전을 촉진하게 된다. 이 정도까지 와야 비로소 이론은 진정한 가치를 발휘할 수 있게 된다.

여태까지의 이야기를 마무리하기 위해 '과학에서의 인간적 요소'라는 문제에 대해 생각해보자.

과학에서의 인간적 요소란 말 자체가 모순된 표현으로 들릴지 모른다. 자연과학은 자연계에 있는 진리를 연구하는 학문이다. 여기서 말하는 진리는 인간과 무관한 존재라고 일반적으로는 생각된다. 한편으로는 그 말이 맞을 수도 있겠지만, 여태까지 종종 언급해왔던 것처럼 인간을 벗어난 자연은 존재하지 않는다는 사고방식 역시 가능하다. 물론 인간이 단 한 명도 없다 해도 지구는 존재하겠지만, 우리들이 바라보고 있는 자연은 없어질 것이다. 인간을 벗어나 존재하는 자연 속에서, 다양한 법칙을 끄집어내거나 실체를 파악하려고 하는 것은 인간이기 때문이다. 우리들이 현재 가지고 있는 자연에 대한 인상은 인간을 벗어나 존재하지 않는 것이다.

게다가 한마디로 자연에 대한 인상이라고 해도 자연에 대한 인상을 만드는 것에 대한 문제 제기 방식은 경우에 따라 매우 다르다.

앞서 '생명과학과 물질과학' 부분에서 설명한 바 있듯이 생명과학과 물질과학은 그 취급 방식이 다르다. 즉 문제 제기 방식이 다른 경우가 많다. 앞서 열거했던 예인데, 인간의 수명같이 매우 복잡한 문제라도 한 국가의 국민 전체처럼 수많은 인간들에 대해서는 그 수명에 간단한 법칙이 들어맞는다. 한편 전자의 흐름 같은 것은 자기장과 전기장의 세기가 부여되면 정확하게 계산할 수 있다고 하는데, 이것도 그 흐름 속의 전자 하나하나의 실제 운동에 대해서는 알 수 없다. 이 때문에 어떤 현상을 이해한다거나 파악이 어렵다는 것은 문제 제기 방식에 따라 얼마든지 달라질 수 있는 측면이 크다. 문제를 제기하는 것은 물론 인간이기 때문에 여기에 인간적 요소가 과학 속에 깊이 파고들어가 있는 것이다.

최근 물리학이나 화학의 예를 보면 이런 학문들의 진로는 원자론 쪽을 향하고 있다. 물질을 세세하게 나누다 보면 마지막 모습은 원자일 거라고 생각했던 시절이 있었다. 그 원자가 그다음에는 원자핵과 전자로 구성된 것이 되었다가, 그 원자핵이 다시 다양한 소립자로 구성되었다는 식으로 발전해왔다. 즉 물질의 구성요소 안으로 계속 파고들어간다. 20세기 초·중반에 걸쳐 그런 방향으로 학문이 발전해왔던 것이다. 하지만 이것이 물리학에서의 유일한 방향은 아니다.

　19세기 후반 이른바 열역학적 연구 방법론이 매우 번성했던 시절이 있었다. 열역학, 유체역학, 패러데이나 맥스웰의 전자기학 모두 물질을 분자로 나눠 살피지 않고 전체로 취급하기 때문에 물리학 쪽에서는 이것을 거시적 시각이라고 칭하고 있다. 이에 반해 원자론적 시각은 '미시적'이라고 일컬어지고 있다. 물론 거시적 시각에 의해서도 과학이 성립된다. 19세기 과학의 진보는 거시적 입장을 취했던 물리학의 승리로 귀결되는 바가 컸다. 19세기는 거시적이었지만 20세기에 들어와 미시적이 되었다고 말하면 거시적인 시각이 초보적이고 미시적인 시각이 더 발전된 것이라고 생각될지도 모르겠다. 하지만 그렇지는 않다. 시각의 차이는 문제의 종류에 따라 다르다. 예를 들어 19세기 후반부터 20세기 초반에 걸쳐 기체분자론 연구가 한때 유행했던 적이 있었다. 기체분자론은 기체를 작고 딱딱한 구슬들의 집합으로 간주한다. 즉 기체를 미시적으로 취급해 다양한 성질을 설명하려는 시도라고 할 수 있다. 이 학문도 제법 진보했지만, 거시적으로 취급했던 열역학 쪽이 훨씬 더 큰 성과를 거두었다. 요컨대 문제에 따라 다른 것이다.

유체역학 같은 경우도 공기 중의 분자에 대한 세세한 고찰보다는 공기를 전체적으로 취급하는 거시적 시각에 의해 진보한 학문이다. 오늘날 음속의 몇 배나 되는 빠른 비행기가 날아다니고 있는데, 이것은 유성 이외에는 지구상에 없었던 것을 인공적으로 가능하게 만든 것이기 때문에 엄청난 과학적 성과라고 할 수 있을 것이다. 하지만 비행기가 날고 있을 때 공기의 분자 하나하나의 자세한 사정에 대해서는 전혀 모른다. 그런 구체적인 내용을 굳이 알지 못해도 비행기 설계가 가능하기 때문에 알 필요가 없는 것이다. 한때 세계를 떠들썩하게 만든 인공위성도 원자론의 발달로 가능했던 분야는 아니다. 자동조절기 중 일부에는 그런 것도 사용되고 있을지 모르지만 대부분은 거시적인 과학의 문제다. 장래에 원자력 엔진이 만들어지면 좀 더 성능이 좋아지겠지만, 그것은 그다음 문제다.

그러므로 물질 내부로 파고들어 살펴보는 것만이 과학의 본질은 아니며, 과학은 다양한 방향으로 진보해간다. 단지 어느 방향으로 과학이 향했을 때 더욱 흥미로운 내용이 발견되거나, 그 방향으로 더 나아가면 중요한 발견이 있을 것 같기 때문에 많은 사람들이 계속 모여들어 해당 방향의 과학이 크게 발전한다. 이것은 겉모습만 보면 미술 등의 경우와 비슷하다. 어떤 유파의 그림에 인기가 쏠리면 모두 그 방향으로 집중해서 그 유파가 번성해지는 것과 비슷한 측면이 있다. 물론 과학의 경우엔 약간 다르겠지만, 인간이 과학을 하는 이상 비슷한 면이 있는 것은 당연할 것이다.

그런데 원자론적인 방향으로 인간의 눈이 향해 그런 방면의 연구가 발전하기 시작했던 것은 19세기 후반 무렵부터다. 전자와 이온의 존재가 확인되었고, 한편에서는 방사능 원소가 발견되었다. 그리스 시대 이후 줄곧 물질의 궁극적 모습으로 생각되던 원자가 분해되면서 다양한 하위 요소들이 등장했다. 완전히 새로운 지식이었다. 따라서 매우 중요한 것으로 판단되어 그 방향으로 계속 연구가 집중되었고, 결국 원자론이라는 오늘날의 과학의 방향이 결정되었던 것이다.

그런데 원자론에서 우선적으로 다루는 것은 하나의 원자에 대해 그 구조나 성질을 살펴보는 것이다. 물질은 매우 많은 원자들로 이루어져 있는데 몇억이나 되는 원자를 한꺼번에 조사하는 것은 불가능하다. 그래서 우선 원자 하나를 대상으로, 그 안에 어떤 원자핵이 있으며 전자가 그 주위에서 어떤 식으로 존재하고 있는지 연구한다. 그런 다음 원자핵이 어떤 구조나 성질을 가지고 있는지 연구를 진행시켜간다. 하지만 하나의 원자에 대해 그 구조를 완전히 알 수 있게 되었다고 해도 그 원자가 매우 많이 모여 있는 물질의 성질이 그것으로 완전히 파악되었을까. 그렇지 않다. 왜냐하면 원자 하나가 나타내는 성질은 일반적으로 매우 미약해서 측정에 거의 영향을 미치지 않기 때문이다. 단지 그런 원자가 매우 많을 경우, 그 전체가 어떤 성질을 나타내는지는 실험에 영향을 미친다. 즉 우리들의 인식에 영향을 미치는 것이다. 그래서 하나의 원자가 가지는 성질을 알게 되었다는 것만으로는 부족하다. 그런 원자가 다수 모였을 때의 성질을 모른다면 실험을 할 수가 없다. 즉 이론이 맞는지의 여부를 확인해볼 수 없다. 여기에 통계, 즉 수많은 것들이 모였을 때의 전체로서의 성질이라는 문제가 도입되게 된다. 그런 의미에서는 원자론이라는 학문은 통계의 학문이라고도 말할 수 있다. 적어도 반쯤은 통계의 학문이다.

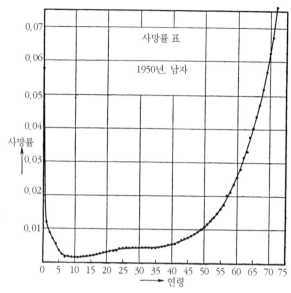

<그림 12>사망률과 연령 간의 관계
(다이도생명大同生命 수리과 차장 고나가 도시야스小長俊安 씨의 호의에 의함)

그런데 통계는 수가 매우 많이 있을 경우에만 사용되는
방법이다. 하나하나의 요소가 제각각 상이한 특성을 가지
고 있어도, 전체로 살펴보면 그런 특성들은 서로 상쇄되어
특정 법칙이 확실한 형태로 부각된다. 그리고 확실함의
정도는 수가 많을수록 커진다.

   〈그림 12〉는 1950년의 자료에 의한 일본 남성의 사망

률 표다. 이것을 살펴보면 연령과 사망률 사이에는 확실한 관계가 있음을 알 수 있다. 사망률은 어떤 연령의 사람이 향후 1년간 어느 정도 사망하는지를 나타내는 비율이다. 50세는 곡선에서 보면 0.011이라고 되어 있다. 즉 50세는 1만 명 중 110명이 향후 1년간 사망한다. 태어나서 첫 1년간은 사망률이 높고 10세 정도가 가장 낮다. 그리고 장년기에 접어들면 일정한 수치가 이어지다가 50세 이상이 되면 다시 높아진다. 70세가 되면 향후 1년간 1만 명 중 620명 정도가 사망한다. 연령과 사망률 간의 관계는 매끄러운 곡선 형태인데 그중 몇 가지 자료가 빠져 있어도 곡선의 형태로 그 수치를 제시할 수 있다. 이것을 살펴보면 인간의 수명도 의외로 간단히 이해되기 마련이다. 하지만 수가 매우 클 때만 이런 관계가 나올 수 있기 때문에 수백 명이나 수천 명 정도의 인간에 대한 조사만으로는 결과가 제각각일 것이므로 간단한 법칙은 도저히 발견되지 않는다.

물론 여기 나온 법칙은 전체로 봤을 때의 확실함이다. 개개인의 인간들 입장에서 이 법칙은 해당되지 않는다. 평균수명은 58세라도 태어나자마자 바로 죽는 아이도 있다. 그런 아이의 부모 된 입장에서는 평균수명이 50살이든 80살이든 전혀 상관할 바가 아니기 때문에 그런 지식은 없어도 그만이다. 하지만 한편으로 보험회사 입장에서는 평균수명에 대한 이런 지식은 매우 유용하다. 이 경우 개개인의 수명을 논하는 것은 이 문제를 미시적으로 보는 것이며, 국민 전체를 상대로 평균수명을 조사하는 것은 거시적으로 보는 것이 된다. 그리고 대체적으로 과학의 실증적인 결과는 거시적으로 문제를 다뤘을 때 나온다.

이것은 생명현상이 포함된 문제의 경우만이 아니다. 생명이 없는 물질과학에서도 마찬가지다. 그 예로 방사능 원소의 붕괴 문제에 대해 생각해보자. 라듐이 그 대표적인 존재인데, 이른바 방사능 원소는 원자 내부에 있는 원자핵이 스스로 방사선을 발생시켜 붕괴한다. 방사선에는 α(알파)선, β(베타)선, γ(감마)선이라는 세 종류가 있는데, 그 중 한 가지 내지는 세 가지를 배출한다. 그리고 방사선을 배출한 후, 원자는 다른 원소의 원자가 된다. 〈표 2〉에 라듐계 방사능 원소의 계열 일부가 제시되어 있다. 우란에서부터 다양한 단계를 거쳐 매우 오랜 세월에 걸쳐 라듐이 만들어진다. 그런데 이 라듐 원자는 α, γ라는 두 종류의 방사선을 배출한 뒤 라돈(라듐 에마나티온radium emanation)으로 바뀐다. 이 라돈 원자는 a선을 방출하고 라듐A라는 별개 원소의 원자로 바뀐다. 이 원자가 다시 a선을 방출해 라듐B라는 원자가 되고 이하 C, C′를 거쳐 납의 동위원소인 라듐D로 바뀐다. 이것은 방사능을 가진 납으로 다시 붕괴해서 마지막에는 보통의 납이 된다.

그런데 붕괴 속도는 원소에 따라 모두 다르다. 예를 들어 라듐 등은 천천히 붕괴하는데, 라듐A는 순식간에 붕괴해버린다. 붕괴 속도는 단위시간 중 모든 원자의 몇 %가 붕괴하는지에 따라 결정한다. 즉 원자의 사망률(붕괴정수)이 붕괴 속도이며 이것을 λ(람다lambda)로 나타낸다. 사망률을 알면 얼마만큼의 시간이 걸려야 살아남은 원자 수가 처음의 원자 수의 절반이 되는지 계산할 수 있다. 이 시간을 반감기라고 하며, T로 표시하게 되어 있다. 반감기가 짧을수록 빨리 붕괴하는 것이다. T와 λ는 〈표 2〉에 표시되어 있는데, 예를 들어 T를 보면 라듐은 1622년, 라돈은 3.825일, 라듐A는 3.05분, 이렇게 매우 심하게 차이가 난다. 라듐 C′처럼 0.000164초로 극단적으로 짧은 것도 있다.

원자의 사망률 λ 쪽이 더 알기 쉬운데 라돈에서 λ=1.26

×10^{-4}/분이라고 되어 있는 것은 지금부터 앞으로 1분간 안에 1만 개의 원자 중 1.26개의 비율로 원자가 죽는다는 것을 의미한다. 100만 개 중 126개라고 말해도 좋다. 그런데 라듐A의 원자 사망률은 1분 안에 1만 개 중 2,310개, 라듐B에서는 1만 개 중 259개다. 여기서 사망률이라고 표현했는데, 이것은 동시에 출생률이기도 하다. 죽은 라돈 원자는 라듐A 원자가 되기 때문에 라돈의 사망률은 라듐A의 출생률이다. 하나의 원소를 주의 깊게 살펴보면 어떤 출생률에서 태어나 어떤 사망률에서 죽고 있다. 따라서 정상 상태에서는 한 계통의 방사능 원소 존재량의 비율이 정해져 있는 것이 된다. 예를 들어 라듐A를 보면 부모인 라돈에서 1분간 1만 개당 1.26개의 비율로 새로운 원자가 공급되고, 동일한 시간 동안 현재 있는 원자 가운데 1만 개당 2,310개의 비율로 죽어간다. 1만 개당 1.26개의 비율로 공급되었다가 2,310개의 비율로 죽어갔다면 금방 마이너스가 될 걱정은 없다. 여기서 말하는 숫자는 비율이다. 라돈이 많고 라듐A가 적다면 출생과 사망이 서로 비슷해서 일정량이 유지될 것이다.

여기서 중요한 점은 원자의 출생률 혹은 사망률은 알고

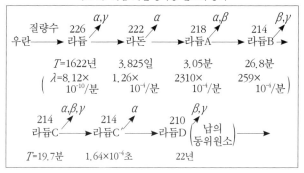

〈표 2〉 라듐 계열 방사능 원소의 붕괴

질량수 $\xrightarrow{\alpha,\gamma}$ 222 $\xrightarrow{\alpha}$ 218 $\xrightarrow{\alpha,\beta}$ 214 $\xrightarrow{\beta,\gamma}$
우란 $\longrightarrow$ 라듐 $\longrightarrow$ 라돈 $\longrightarrow$ 라듐A $\longrightarrow$ 라듐B →

$$T=1622년 \quad 3.825일 \quad 3.05분 \quad 26.8분$$
$$\left(\begin{matrix} \lambda=8.12\times & 1.26\times & 2310\times & 259\times \\ 10^{-10}/분 & 10^{-4}/분 & 10^{-4}/분 & 10^{-4}/분 \end{matrix}\right)$$

214 $\xrightarrow{\alpha,\beta,\gamma}$ 214 $\xrightarrow{\alpha}$ 210 $\xrightarrow{\beta,\gamma}$ 납의
라듐C $\longrightarrow$ 라듐C′ $\longrightarrow$ 라듐D $\left(\begin{matrix} 납의 \\ 동위원소 \end{matrix}\right)$ →

$T=19.7분 \qquad 1.64\times10^{-4}초 \qquad 22년$

있지만, 어느 원자가 죽는지는 전혀 알 수 없다는 점이다. 라듐A의 경우 라돈에서 계속 원자가 공급되고 있기 때문에 현재 존재하는 원자 중에는 한참 전에 생긴 것도 있는가 하면, 직전에 만들어진 것도 있다. 늙거나 젊은 여러 원자들이 뒤섞여 있는데 그런 것들을 다 포함해 1분간 1만 개당 2,310개의 비율로 죽고 있다는 사실밖에는 알 수 없다. 인간의 사망률로 치면 국민 전체의 평균수명밖에 모른다는 말이 될 것이다. 〈그림 12〉에 보이는 것처럼 연령별로 사망률이 어떻게 다른지 원자의 경우 전혀 알 수 없다. 이런 식으로 보자면 물질과학은 대상이 비교적 간단하기 때문에 연구하기 쉽고 생명과학은 매우 복잡해서

이해가 안 되는 것이 많다고도 쉽게 말할 수 없다는 말이 될 것이다. 적어도 인간의 수명 쪽이 방사능 원소의 원자 수명보다는 잘 알려져 있다. 그럼에도 불구하고 왜 일반적으로는 인간의 수명에 대해서 덜 안다고 생각될까. 그것은 통계 안에 있는 개별 정보 하나하나를 더 원한다는 무리한 주문을 하고 있기 때문이다. 통계에서는 어디까지나 확실함을 취급하고 있기 때문에 개개의 문제에 대해서는 거론하지 않는다. 인간의 수명 문제가 그 좋은 예라고 할 수 있다. 어떤 사람은 매우 오래 산다. 어떤 사람은 자동차 사고로 죽는다. 이처럼 사람에 따라 수명의 차이는 현저한데, 매우 많은 사람에 대해 통계를 내보면 일정한 법칙이 나오는 것이다. 원자론 쪽에서는 원자 하나하나의 성질을 조사하고 있지만. 결국 마지막 부분에서 우리들에게 제시되는 것은 수많은 원자들이 모였을 때의 통계적인 결과에 대해서이다.

그래서 원자 하나의 경우와 원자가 몇억 또는 몇조 모였을 경우, 그 양쪽에 대한 지식을 얻고 있는 것이다. 요컨대 이 양 극단의 경우에 대해서만 문제가 해결되기 때문에 그 점에 대해서만 취급한다. 여기에 인간적 요소가 포함되고 있다. 수가 매우 적을 때는 역학적 방법이 사용된다. 아울러 매우 많을 때는 통계적 방법을 응용할 수 있다.

곤란한 것은 어중간한 경우다. 고전역학 쪽은 이해하기 쉬워서, 예컨대 만유인력처럼 기본적이고 비교적 간단한 법칙에서조차 문제를 정밀하게 풀 수 있는 것은 물체 두 개만 운동할 경우뿐이다. 지구가 타원 궤도를 그리며 태양 주위를 돌고 있는 경우에만 문제가 풀리는 것이다. 실은 지구와 태양을 하나의 계통으로 봤을 때 그 무게중심을 기준으로 지구도 타원 궤도로 돌고 태양도 타원 궤도에 따른다. 하지만 무게중심은 태양의 중심에 가깝기 때문에 태양은 멈춰 있고 지구만 그 주위를 돌고 있다고 생각해도 일반적인 계산으로는 어떻게든 설명될 수 있다. 이 계산 대로라면 충분히 가능하다. 하지만 또 하나의 행성이 있어서 세 천체 간에 서로 만유인력이 작용하고 있을 경우라면, 옛날부터 풀 수 없는 문제로 취급되고 있다. 그러나 천체 하나의 영향이 매우 약할 때는 두 천체 간 문제에 약간의 보정을 더하는 형태로 근사적으로 풀 수 있다. 앞서 언급했던 해왕성의 발견도 계속해서 이런 근사치를 찾아가다 가까스로 풀렸던 일이다. 세 천체 간의 문제조차 풀지 못하기 때문에 네 개, 다섯 개가 되면 도저히 풀 수 없을 것이다.

하지만 기체분자론처럼 기체가 몇억, 몇조의 딱딱한 작은 구슬들이 모인 것이라고 파악하는 경우, 다시 이것을 풀 수 있다. 하지만 기체입자가 50개나 100개라면 현재로서는 문제 해결의 실마리가 없다. 하나의 성질도 알 수 있고, 매우 많이 있을 때의 성질도 알 수 있다. 그 중간은 현재의 과학으로는 구멍이 뚫린 부분이다. 하지만 현대 과학의 성과는 실로 눈부셔서 원자력이 보편화되고 초음속 제트기가 만들어지거나 인공위성이 쏘아 올려지는 것을 보면 인간적 요소 같은 것으로부터 진즉 탈피하고 있는 것처럼 보인다. 자연계에는 진정한 법칙이 매장되어 있고, 보물찾기를 하고 있는 인간이 여기저기 찾다가 우연히 발견해서 포착했다는 식으로 생각해도 좋을 것 같다는 생각이 들기도 한다. 하지만 곰곰이 생각해보면 실은 그렇지 않은 것이다.

이런 점에 대해 논할 경우 가장 중대한 문제는 무엇일까? 자연계에는 과연 법칙이라는 것이 있을까? 그 점이 정말 의문스럽다는 게 문제라고 할 수 있다. 지금까지의 사고방식으로는 법칙이 있는 것을 증명할 수 없기 때문에, 법칙이 있다고 가정하고, 논리적으로 생각을 구축해간 것이 과학이라고 할 수 있다. 물론 그런 가정하에 구축된 과학이 오늘날처럼 발전해서 자연에 대한 새로운 지식이 계속 얻어지고 있다는 의미에서는 법칙이 실제로 존재하고 있다고 말해도 좋을 것이다. 하지만 종종 언급했던 것처럼 자연계로부터 현대 과학에 적합한 측면만을 뽑아내서 법칙을 만들고 있는 것이다. 예로부터 만고불변의 법칙이 있었던 적은 없기 때문이다. 지금까지 가장 중요하고 확실한 법칙이라고 한다면 질량 불변의 법칙과 에너지 불변의 법칙이었다. 이 두 가지 법칙이 물리학의 2대 법칙으로 이 기초 위에서 오늘날의 과학이 구축돼왔다. 다양한 법칙이 있었고 서로 대립하거나 반론이 제기되기도 했는데, 이 두 법칙만은 지금까지 누구도 의심하는 사람이 없었다. 이것이야말로 만고불변의 법칙이라고 누구나 생각하고 그 위에 섰을 때 비로소 과학이 성립한다고 생각돼왔다.

그런데 제4장에서 상세히 언급했던 것처럼 두 법칙도 그대로의 형태로는 존재할 수 없다는 것이 원자론의 발달에 따라 상식이 되었다. 왜 그것을 과거에는 만고불변의 법칙이라고 생각했을까. 세상의 누가 어디에서 어떤 정밀한 실험을 해봐도, 혹은 물질의 모습을 아무리 바꿔도 그 질량은 변하지 않는다. 그런 사실이 실험적으로 확인되었다. 에너지 쪽도 꼼꼼히 실험을 해보니 없어진 것 같아도 열이나 복사선이 되어 사라진 것이어서 그런 것들을 전부 모아보면 에너지가 항존한다는 사실이 실험에 의해 증명되었다고 생각했기 때문이다.

그런데 실제로는 그렇지 않았다. 실험적으로 증명되었다고는 해도 실은 항상 조금씩 달랐었다. 하지만 그것이 실험의 오차 범위 내라면 그것으로 무방하다고 생각되었다. 어떤 부분까지는 실험의 정밀도 범위 내에서 알 수 있다. 그다음은 실험의 오차다. 오차 범위 내에서 일치하기 때문에 이것은 일치한다고 말했던 것이다. 오차 범위 내이므로 무방하다는 것은 법칙 쪽을 먼저 가정하고 있었기 때문이다. 변하지 않는 뭔가가 없다면 이론의 바탕이 되는 것이 없기 때문에 질량 불변과 에너지 불변이라는 버팀목을 만들었다. 오늘날 물질과 에너지는 상호 전환 가능하지만, 그 합은 불변한다고 본다. 그런 틀을 만들어두고 그에 따라 자연계를 살펴간다. 그러므로 인간적 요소는 항상 부수적으로 따라다닌다는 말이 될 것이다.

　이상은 이른바 고차원적 의미에서의, 과학에서의 인간적 요소에 대한 이야기이지만 좀 더 저차원적인 측면에서도 인간적 요소가 다수 포함되어 있다. 오류가 있는 논문, 얼버무린 논문 등은 물론 인간적 요소가 강한 것이지만, 여기서 그런 문제에 대해서는 언급하지 않기로 하겠다. 하지만 상당히 근사한 작업 안에도 인간적 요소가 강하게 포함된 예가 지금까지 다수 있었다. 예를 들어 오늘날의 원자핵물리학의 기초가 된 동위원소의 발견을 꼽을 수 있다.

　애스턴이 맨 처음 동위원소를 발견했을 때 수많은 학자들이 이에 반대했다. 만약 원자가 정수로 잘라낼 수 있는 무게를 가진 것이라면 원자량이 일정하게 나타나는 것은 이상하다는 반론이었다.

　예를 들어 수소의 원자량은 1.0080이며 염소의 원자량은 35.457이라는 식으로 모두 나머지 수가 있고 그 나머지 수는 정확하게 정해져 있다. 각종 동위원소들이 뒤섞였다고 치면 지구상 어디에서 조사한 원소라도 모두 동일한 비율인 것이 이상하다는 의견도 있었다. 이에 반대 입장인 애스턴은, 지구가 처음으로 만들어질 때 각종 동위원소가 매우 잘 섞여버렸기 때문에 어디에서든 일정한 원자량의 원소가 보이는 거라고 설명했다. 오늘날에는 이른바 중수重水(보통 물보다 비중이 큰 물로 중수소와 산소로 된 물-역자 주)나 삼중수소수 등이 발견되어 지구상의 물이 결코 동일한 무게가 아님을 알게 되었다. 우리 주변에도 이런 예는 얼마든지 있다. 예를 들어 보통의 아름다운 형태를 지닌 눈의 결정을 녹인 물은 보통 물보다 조금 가볍고, 눈송이가 붙은 눈을 녹인 물은 조금 무겁다. 그런 물을 분해해서 만든 수소의 원자량을 측정해보면 분명 다를 것이다. 그 후 다른 원소에 대해서도 동위원소가 섞이는 방식이 조금씩 다른 경우가 있다는 사실을 알게 되어 동위원소의 자연분리 연구가 한때 유행했던 적이 있다. 이전부터 원자량의 긴밀한 측정이 계속 진행되고 있었기 때문에 원자량에서 약간 다른 수치가 나온 적도 틀림없이 있었을 것이다. 만약 동위원소의 자연분리에 대해 알지 못했던 시절이라면 그런 측정은 분명 오류, 혹은 실험 오차로 폐기되지 않았을까 싶다. 만약 그랬다면 저차원적인 의미에서의 인간적 요소가 포함되어 있었다는 말이 될 것이다.

20세기 초엽 앙투안 앙리 베크렐Antoine Henri Becquerel(1852~1908·퀴리부인의 스승이며 최초로 방사능을 발견해 1903년 퀴리 부부와 함께 노벨 물리학상 수상-역자 주)이 우란 광석으로부터 방사선이 나오는 것을 발견하고, 이어 퀴리 부인이 라듐을 발견한 뒤 한때는 대부분의 금속으로부터 방사선이 나온다며 떠들썩했던 적이 있었다. 동전을 사진 건판(사진 필름에 앞서 사용된 감광 매질-역자 주)의 유리판 위에 올려놓고 오랜 시간 암실에 방치해둔 후 현상해보면 동전 모양이 확연히 나타나는 것이다. 다양한 조건을 바꿔 실험해도 항상 이 형상이 나타난다. 그래서 분명 구리로부터 매우 흡수되기 쉬운 방사선이 나오는 것이라고 생각했다. 공기를 통하면 금방 흡수되기 때문에 평소대로 측정하면 나타나지 않지만, 사진의 유리면 위에 직접 올려두면 검출되는 것이다. 이 방사선에는 금속에서 나오는 방사선이라는 의미에서 금속광선(메탈 레이)이라는 이름까지 붙여졌다. 물리 관련 연구지에 논문도 정식으로 실려 있다.

하지만 훗날 연구에 의해 이것은 오류였다는 사실을 알게 되었다. 극단적으로 건조한 공기 중에서 동일한 실험을 반복해보니 형상이 나타나지 않았기 때문이다. 결국 공기 중의 수증기로부터 구리의 접촉작용으로 과산화수소가 미량 만들어졌고, 그것이 화학적으로 사진 건판에 감광(필름면의 감광 유제막이 빛에 반응하여 빛의 종류, 성질, 강도에 따라 변화하는 것-역자 주)과 동일한 결과를 초래한 것이라고 설명되었다.

사진 건판에 '감광'했다고 해도 화학적 원인에 의한 것이 종종 있어서, 반드시 광선이나 방사선이 있었기 때문이라고는 단언할 수 없다. 그런 사실은 이전부터 알고 있었기에 이 '금속광선 사건'은 우란이나 라듐에 의해 부화뇌동한 하나의 사회적 현상이라고 해석될 것이다.

이 사건은 원인을 알 수 있어서 그나마 낫다. 본인은 의식하지 않겠지만, 유행에 휩쓸린 이 같은 연구처럼 인간적 요소가 지나치게 강한 연구가 의외로 많다고 생각된다.

가장 규모가 큰 것은 약 10년에 걸쳐 온 세상을 떠들썩하게 만들었던 미토겐선 연구다. 생체방사선이라고도 불리는데, 생물의 세포가 분열할 때 일종의 방사선을 만들어 내 이 방사선이 다른 세포에 닿으면 해당 세포 분열을 촉진하는 성질을 가지고 있다는 것이다. 처음엔 양파의 뿌리 끝에 있는 싹에서 그런 방사선이 나오는 것이 '발견'되어 그 후 다양한 생명현상, 예를 들어 효모나 살아 있는 동물들의 피에서도 이런 생체방사선이 나온다는 주장이 제기되었다.

만약 그 말이 사실이라면 이것은 생물학을 근본적으로 전환시킬 엄청난 사건이다. 실제로 세계적으로 수많은 의학자와 생물학자들이 이 문제를 파헤쳐 전문 연구지에 게재된 논문 수만 해도 족히 300편은 될 것이다. 수백 페이지에 이르는 단행본까지 두세 권이나 나올 지경이었다. 어쩌면 의학박사도 몇 명 나왔을지 모른다.

완전히 새로운 분야였기 때문에 연구는 빠르게 진행되어 연이어 새로운 '사실'이 발견되었다. 이 생체방사선은 유리를 통과하지는 않지만 수정이라면 통과한다. 그래서 수정분광기에서는 스펙트럼으로 분해할 수 있다. 식물의 종류나 상태에 따라 그 강도나 스펙트럼의 배열도 다르다. 예를 들어 건강한 인간의 피와 암에 걸린 사람의 피에서는 서로 다른 생체방사선이 나온다는 소동까지 생길 지경이었다.

이 생체방사선 연구는 세계적으로 100여 명에 가까운 학자들이 매달려 약 10년에 걸쳐 순조롭게 진행되었고, 멋진 단행본도 몇 권이나 나올 정도의 지식이 얻어졌기 때문에, 한때는 그것이 실제로 존재한다고 모든 사람들이 믿었던 시절도 있었다. 하지만 문제는 검출기에 있었다. 내부분의 측정에서는 생물의 세포를 검출기로 사용하고 있었다. 세포 분열이 촉진되면 생체방사선이 거기에 왔다고 판정하는 것이다. 이런 상태라면 조금 불안하기 때문에 물리학자 쪽에서 그 검출법 연구가 시도되기 시작했다. 가장 간단한 것은 사진 건판에 감광하는지의 여부인데, 이것은 거의 검출이 불가능했다. 아주 드물게 뿌옇고 검게 그을린 모습이 나타났지만 양파에서 나오는 증기의 화학작용일지도 모르기 때문에 결정적인 증거가 되지는 못했다.

가장 좋은 것은 가이거 계수기였다. 이것이라면 아무리 약한 방사선이라도 검출할 수 있을 것이었다. 그래서 가이거 계수기를 사용한 연구가 약 10편 발표되었는데, 흥미롭게도 그 절반이 긍정적 결과였고 절반이 부정적 결과로 끝났다. 그래서 생물학을 다시 쓸 정도의 기세였던 이 엄청난 문제도 결국에는 정체불명인 채 어느새 사라져버렸다. 이제는 미토겐선에 대해서 금시초문이라는 사람도 많을 것이다. 하지만 이것은 20세기 초반의 이야기로 그리 먼 옛날 옛적의 이야기가 아니다.

생물에서 나오는 방사선으로, 생물에서밖에 검출되지 않는 것이 있더라도, 현대 과학과는 딱히 모순되지 않는다. 제임스의 표현을 빌리자면 과학은 무엇이 존재하는지에 대해서 말할 수 있을 뿐, 무엇이 존재하지 않는지는 말할 수 없는 학문이기 때문이다. 따라서 생체방사선 같은 것이 존재하지 않는다고는 말할 수 없지만 적어도 생체방사선 붐 시대의 연구에 인간적 요소가 상당히 강하게 작용하고 있었다고는 말해도 좋을 것이다.

마지막으로 형태의 문제에 대해 잠깐 언급해두자. 이것은 아직 수필과학론도 되지 못할 정도의 생각이기 때문에, 본문에서는 너무 깊이 들어가지 않을 것이다. 흥미가 있으신 분은 부록「전통 찻잔의 곡선」을 참조하시길 바란다. 단, 하나 주의해야 할 점은 오늘날의 과학이 수학을 활용하는 관계로 양의 과학에 현저히 치우쳐 있다는 점이다. 형태도 과학의 대상이 될 수 있지만 오늘날의 과학에서 형태의 문제는 거의 거론되지 않고 있다.「전통 찻잔의 곡선」에 상세히 수록되어 있는 것처럼 매화나무 가지와 벚나무 가지는 잎사귀가 없어도 한눈에 알아볼 수 있다. 하지만 그 차이를 양적으로 나타내고자 하면 상당히 힘들어진다. 실제로 가지가 꺾인 각도를 여러 종류별로 측정하거나 다음 가지까지의 길이를 모두 측정해서 통계를 내봐도 그 차이는 도출되지 않을 것이다. 매화나무에도 다양한 매화나무가 있으며 벚나무 역시 그러하다. 그래서 수학상으로는 비슷한 분포를 하고 있어서 매화에는 매화 형태, 벚나무에는 벚나무의 형태가 있는 것이 자연스럽다. 분석해도 차이가 발견되지 않더라도 전체적으로 봤을 때 매화나무인지 벚나무인지는 한눈에 구별할 수 있다. 그런 성질의 문제는 오늘날의 과학에서는 다뤄지지 않는다. 적어도 중심에 놓인 문제는 아니다.

자연과학이 매우 큰 발전을 거듭했기 때문에 과학만능주의적 경향이 전반적인 풍조를 이루고 있다. 하지만 자연과학은 인간이 자연 속에서 현재의 과학의 방법에 의해 뽑아낸 자연의 모습이다. 자연 그 자체는 좀 더 복잡하고 심오하다. 따라서 자연과학의 장래는 영구히 발전해가야 할 성질의 것이다.

맺음말

　자연과학은 자연의 본모습과 그 안에 있는 법칙을 탐구하는 학문이다.

　하지만 그 본모습이나 법칙은 어디까지나 과학의 눈을 통해 바라본 모습이며 법칙이다. 따라서 과학의 진리는 자연과 인간의 협동작품이다.

　만약 자연계에 인간을 벗어난 진리가 감춰져 있다면 그것은 한번 발굴하면 그것으로 끝일 것이다. 물론 보물이 아주 많이 감춰져 있기 때문에 단 한 번으로 끝나지는 않을 것이다. 하지만 수많은 보물 가운데 하나씩 발견해가면 손 안에 쥔 진리가 점점 늘어가면서 미지의 부분은 그만큼 적어진다. 만약 이런 것이라면 과학은 언젠가 우주의 진리를 모조리 발견해낼 것이다.

　하지만 과학의 진리가 자연과 인간의 협동작품이라면, 과학은 영구히 진화하고 변모해가는 대상이다. 이 중 어느 쪽의 시각을 가질지는 개인 고유의 문제다. '언젠가'든

'영구히'든 내용은 동일하다. 하지만 이 작은 책에서 필자는 후자의 시각에 서기로 했다.

자연과 인간의 협동작품이라고 했는데, 이 경우의 인간이란 과학적 사고력을 말한다. 좀 더 평범한 표현을 쓰자면 현대 과학의 눈을 통해 자연을 바라보고, 현대 과학의 방법에 따라 자연계로부터 인식을 추출해내서 그것을 과학의 대상으로 삼고 있는 것이다.

이 경우 사용되는 방법의 기본은 분석과 종합, 인과율적 사고, 측정, 항존의 개념 등이다. 이런 방법에 의해 자연계로부터 인식을 추출할 경우 토대가 되는 것은 '재현 가능'이라는 원칙이다. 동일한 행위를 반복하면 동일한 결과가 나온다는 전제 아래 진위를 구별하고 있다. 다른 결과가 나오면 그것을 오류라고 하는 것이다.

물론 같은 일을 반복하면 동일한 결과가 나오는 것은 당연하다고도 말할 수 있을 것이다. 문제는 동일한 일을 반복하는 것이 실제로는 불가능하다는 점에 있다. 조건을 아무리 일정하게 한들 적어도 시간은 달라져 있다. 하지만 현상을 시간의 흐름으로 바라보는 것은 역사적인 시각이다. 시간의 흐름과 무관한 법칙이 있다고 생각하고, 그것을 찾아가는 것이 바로 과학이다.

다행스럽게도 자연계에는 '재현 가능'이라는 원칙이 근사적으로 성립되는 현상이 많기 때문에 그런 현상이 과학의 대상으로 다루어지고 있다. 그 '재현 가능'이라는 원칙이 근사적으로 맞아떨어지는 현상이란 어떤 현상을 말할까. 그 하나의 특질은 '안정'이라는 성질이다. 안정은 넓은 의미로 사용되고 있는데, 편차의 영향이 작다는 의미다.

자연계의 현상에도 아주 미세하나마 편차가 반드시 동반된다. 그 일례로 결정의 성질에 대해 생각해보자. 결정은 원자가 격자 구조를 만들어 규칙적인 배열을 하고 있는 것이다. X선 간섭을 사용하면 그 격자의 형태나 크기는 상세히 조사할 수 있다. 그리고 소금 결정이라면 염소 원자와 나트륨 원자가 입방체 격자의 구석마다 상호 배치되어 있다는 사실을 알 수 있다. 그리고 이 배열은 이상적으로 완전한 것일 수 없다. 만약 이상적으로 완전한 배열을 하고 있다면, 이 결정은 어떤 힘을 가해도 망가뜨릴 수 없을 것이다. 어떤 원자 배열면에서 망가지는 것과 완전히 동일한 이유로, 다른 원자 배열면에서도 망가져야 한다. 그래서 이론적으로 완전한 결정을 잡아당기면 어떤 한계까지는 버티지만 그 한계를 넘는 순간 원자의 크기에 따라 산산조각이 되어야 한다. 하지만 가장 완전하다고 생각되는 결정이라도 실제로는 어딘가에서 망가진다. 아주 미세한 약점이 있었던 것이다. 이런 미세한 약점은 근대 물성론에서 전위 혹은 결정결함이라고 부르고 있는데, 그런 결함이 있는 것이 '완전한 결정'이며 그것도 없는 것은 머릿속으로 생각한 결정이다.

일반적인 약간의 비틀림 정도라면 이 약점은 그다지 효과가 없다. 즉 편차의 영향이 작은 것이다. 앞에 나온 정의로 말하면 안정적 현상이다. 그러나 이 결정이 망가질 때는 아주 미세한 약점 부근부터 망가지기 시작한다. 그리고 일단 망가지기 시작하면 그 지점이 더더욱 약해지며 파괴가 진행된다. 그래서 파괴 현상에서는 극도로 미세한 약점이 중요한 요소가 되어 현상을 지배한다. 앞에 나온 정의로 말하면 불안정한 현상이다.

이런 불안정한 현상은 그 본질상 현대 과학에서는 취급하기 힘들다. 하물며 결정인데도 그 정도이니, 보통 물질의 경우는 말할 필요도 없다. 가능한 한 균질한 물질의 막대를 만들어 그것을 만약 구부릴 경우, 과연 어디가 꺾일지는 아직 예측이 불가능하다. 대기 중의 소용돌이 같은 것도 불안정한 현상이다. 그래서 이 책에서 강조했던 것처럼 '화성에 갈 수 있는 시대가 와도 텔레비전 탑 꼭대기에서 떨어진 한 장의 종이가 어디로 갈지, 그 행방을 예언할 수는 없는' 것이다. 이 점에 과학의 강력함과 그 한계가 있다.

'재현 가능'이라는 원칙이 근사적으로 적용될 경우에도 과학의 기본적 방법을 사용할 수 있는 범위는 현상에 따라 모두 다르다. 예를 들어 생명현상 연구에서는 생명력과 관련된 물리화학적 현상의 경우 분석과 종합의 방법이 비교적 광범위하게 적용될 수 있어서, 그 방면의 연구에는 큰 발전이 있었다. 하지만 생명 그 자체, 혹은 본능 같은 문제는 좀처럼 해결하기 어렵다. 향후 본능에 대해 모조리 파악하는 날이 온다면 그것은 생물체 내의 물리화학적 현상과 본능과의 관계를 파악했을 때일 것이다.

사물의 양을 수치로 나타내는 방법, 즉 측정도 중요한 기본적 방법이다. 측정에는 항상 정밀도에 한계가 있다. 자연의 본성을 살펴보면 정밀도는 대체로 여섯 자리 혹은 일곱 자리에서 멈추는 것 같다. 현재로서는 가장 정밀도가 높은 측정 중 하나로 평가되는 천체 관측에서도 200년 이상의 주기를 가지고 있는 혜성과 영원히 돌아오지 않는 혜성의 구별은 불가능하다. 측정에는 필연적으로 오차가 동반된다는 측면에서 살펴봐도 과학의 힘에는 한계가 있다. 하지만 생각 여하에 따라서는 200년 앞까지라면 정확하게 알 수 있다는 말이니, 이 또한 엄청난 일이다.

과학에서 사용되고 있는 기본적 방법은 문제의 해답을 수용하는 시각에도 존재한다. 과학에서 말하는 법칙에는 항상 통계적 의미가 내포되어 있다. 원자의 성질이라 해도, 같은 종류의 수많은 원자에 대해 그 성질을 평균한 것을 가리키고 있을 경우가 대부분이다. 구름상자나 원자 건판의 방법으로 개개의 입자가 가진 성질을 조사할 수 있지만, 그것은 비적을 통해 얻어진 지식에 한정된다.

이런 시각의 문제를 망각하면, 과학의 힘을 과소평가하거나 과대평가하게 된다. 과학이 아무리 진보해도 사람의 수명을 예측할 수는 없다고 한다. 하지만 국민 전체로 봤을 때, 인간의 수명은 원자의 붕괴 등보다 훨씬 잘 파악되고 있다. 인간의 경우 통계 안의 개개인을 문제시하기 때문에 그 수명에 대해 예측할 수 없는 것이다. 과학의 법칙은 통계 안에 나오는 개별적인 사항에는 적용되지 않는 것이 원칙이다.

이상과 같은 사고방식만 적용해도 과학의 힘을 과소평가하는 게 되지는 않을 것이다. 이것은 닐스 보어Niels Bohr(1885~1962·원자 구조와 핵분열 이론을 규명하고 양자역학 성립에 기여한 덴마크 물리학자. 1922년 노벨 물리학상 수상-역자 주)의 원자 구조론이 어느 정도 완성되고 전자파도 보통의 전파에서 감마선까지 이어졌던 시대의 일이다. 찬드라세카라 라만Chandrasekhara Venkata Raman(1888~1970·인도의 물리학자. 이른바 '라만 효과'의 발견 및 양자론 업적으로 1930년 노벨 물리학상 수상-역자 주)이 분자와 빛의 간섭 현상을 발견하고 아서 콤프턴Arthur Compton(1892~1962·미국의 물리학자. 전자와 충돌할 때 X선 파장이 변한다는 '콤프턴 효과'의 발견으로 양자이론에 공헌해 1927년 노벨 물리학상 수상-역자 주)이 전자와 빛의 충돌작용을 발견해냈다. 이것으로 전파가 무엇인지, 물질이 무엇인지, 전파와 물질 간 간섭의 문제까지 일단락된 것처럼 보였다. 이 무렵의 이야기인데 어떤 사람이 제임스 채드윅James Chadwick(1891~1974·영국의 물리학자. 중성자를 발견해 1935년 노벨 물리학상 수상-역자 주)에게 "이걸로 원자론 방면의 문제는 일단락이 지어진 듯하네요"라고 말했다. 그러자 채드윅은 "아직 할 일이 많아요#There is a lot of things to do#"라고 답변했다고 한다. 그 후 수년이 지나 채드윅은 중성자를 발견했다. 그리고 그것이 오늘날의 원자핵물리학의 하나의 초석이 되었다.

오늘날 우리들은 과학이 그 정점에 도달한 것처럼 자칫 생각하기 쉽다. 하지만 그 어느 시대건 그런 느낌은 있었다. 그때 자연의 깊이와 자연의 한계를 알고 있던 사람들이 계속해서 새로운 발견을 하며, 과학으로 하여금 끊임없이 새로운 분야를 개척할 수 있도록 해주었던 것이다. 과학이 자연과 인간의 협동작품이라면, 영구히 변모를 거듭해가며 진화해야 마땅할 것이다.

부록

전통 찻잔의 곡선

벌써 수십 년 전의 옛날 일이지만, 고고학을 전공하고 있던 필자의 동생이 도쿄대학교 인류학 교실에서 토기 연구를 했던 적이 있다.

그 무렵은 아직 오늘날처럼 토기의 형태에 따른 분류는 거의 이뤄지지 않고 있었다. 동생은 그 분류 작업에 임하면서 과학적 분류법에 대해 깊이 고민하고 있었다.

물론 토기의 형태는 개개의 표본마다 제각각이지만, 특정 지역에서 출토되는 특정 시대의 것으로 추정되는 토기들을 많이 모아놓고 전체적으로 바라보고 있으면 그 당시를 연상케 하는 공통적 형식이 있다. 그에 따라 ○○식이라는 이름이 부여되며, 대략적인 분류가 행해지고 있었다.

이런 분류 방법은 비단 토기에 국한되지 않고 이른바 미술 골동품 감정에도 종종 사용되는 방식이다. 예를 들어 도금된 불상을 전문가가 언뜻 보기만 해도 육조 시대의 작품인지, 좀 더 오래된 것인지는 알 수 있다. 모두 이런 형태를 보고 판단하는 것이다. 불상이나 그림, 도구 등은 형태가 매우 복잡하고 빛깔이나 재질도 변화무쌍하기 때문에 과학 방면에서 하고 있는 간난명료한 분류는 도저히 불가능할 것 같다. 반면 토기는 형태도 간단하고 빛깔이나 재질의 차이도 작은 편이어서 이런 연구 목적에는 안성맞춤이다.

여기서 과학적 분류라는 단어의 의미에 대해 약간 설명해둘 필요가 있을 것이다. '과학적'은 보편적인 객관성을 지닌다는 뜻이다. 물론 전혀 어려운 의미가 아니다. 특정한 사람만이 아니라 누구라도 알 수 있다는 의미일 뿐이다.

사물에는 양과 질이 있으며, 대부분의 경우 양이 질보다 파악하기 쉽다. 전통 찻잔 두 개를 나란히 살펴봤을 때 크기는 누구든 알 수 있을 것이기에 논란의 여지가 없지만, 어느 쪽이 더 오래된 것인지, 혹은 더 원숙한 기법인지, 즉 질적인 문제는 전문가가 아니면 알 수 없다. 토기 형식이라는 것도 물론 질적인 이야기이지 양적인 것이 아니다. 따라서 전문가가 아니면 알 수 없다. 만약 전문가 사이에 이견이 생기면 어느 쪽이 올바른지 결정하기 어렵기 때문에 이른바 권위자의 설에 따를 수밖에 없다.

따라서 이 경우 과학적 분류를 위한 가장 본격적인 방식은 양적인 표출 방식, 즉 수학이나 수식으로 이른바 형식이라고 할 수 있는 '질'을 결정하는 연구를 해보는 것이다. 항아리나 전통 찻잔이 가장 적당한데, 묵직하다거나 소박한 맛이 있다거나 우아한 형태를 지녔다는 것은 항아리든 전통 찻잔이든 그것들의 외형을 이루고 있는 곡선이 각각 특정한 법칙에 맞는 형태를 하고 있기 때문일 것이다. 도기나 자기의 경우 빛깔이나 광택도 중요할 것이므로 이야기는 조금 복잡해지지만 토기의 경우라면 일단 형태, 즉 곡선의 성질만으로 뭔가 법칙이 나올 것 같다.

동생은 이런 가늠을 하며 다양한 토기에 대해 그 형태를 정밀히 측정하고 절단면에 상당하는 곡선을 다수 제작하고 있었다. 토기 형태는 하나같이 달라서 이 곡선도 물론 다양한 형태를 지니고 있었다. 하지만 하나의 틀에 속하는 토기의 곡선에는 어쩐지 서로 비슷한 구석이 있어서 마치 일정한 법칙이 있을 것처럼 보인다. 이 법칙을 수학적으로 완성도 있게 표현한다면 소기의 목적은 달성할 수 있을 것이다.

그래서 다양한 방법으로 이 곡선에 대한 분석을 시도해
보았다. 가장 간단한 것은 각 점의 만곡률을 측정해 그 값
이 항아리의 위에서 아래까지 내려가는 동안 어떤 변화를
하는지 조사해보는 것이다. 만곡률이 어디든 일정하다면
곡선은 원이다. 위쪽이 작고 아래쪽이 크다면 아래는 불
룩한 형태가 된다. 움푹 들어간 부분은 만곡률을 마이너
스로 측정하면 되므로, 파인 형식도 마이너스 수치의 크고
작음으로 결정할 수 있다. 이런 식으로 생각해보면 만곡
률의 분포 상태로 이른바 형태가 표현될 듯하다.

사실 분포 상태라는 단어에는 조금 어폐가 있다. 상태
라는 표현은 그 자신이 또 하나의 곡선이 된다. 그렇다면
처음부터 항아리의 곡선 그 자체를 보면 똑같이 되지 않
겠느냐는 의문도 생긴다. 하지만 만곡률 분포라는 형태로
바꿔보면, 꺾어지는 방식의 변화, 즉 곡선의 성질이 명료
하게 드러난다. 그래서 처음에 곡선만 봤을 때는 미처 파
악하지 못했던 미묘한 차이가 확연해질 것이다. 이론적으
로는 실로 그럴 듯했지만, 막상 해보니 이런 방식은 매우
곤란하다는 것을 금방 알 수 있었다.

어떤 곡선이든 특정한 범위를 설정해 살펴보면 그 부분만은 원의 일부로 보인다. 그 원의 반경의 역수가 그 부분의 만곡률이다. 그래서 곡선을 아주 많은 부분으로 나눠 각 부분을 대표하는 원의 반경을 계속 측정해가면 되는 것이다. 하지만 골치 아프게도 이 경우 반경을 좀처럼 결정하기 어렵다. 원주의 극히 일부분을 측정해서 해당 원의 반경을 내는 것이기 때문에 미세한 측정 오차만 있어도 반경이 다르고, 따라서 만곡률도 엄청나게 달라진다. 예를 들어 곡선을 그리고 있는 연필 선의 폭조차 이미 문제가 된다. 그래서 수학적 분석을 하고자 하면 처음에 그린 곡선을 어지간히 정확하게 그려둬야 한다. 즉 형태를 정하기 위한 측정을 매우 정밀히 행할 필요가 있다.

그런데 상대측은 토기다. 그 때문에 그런 정밀한 측정은 아무래도 불가능하다. 표면은 물론 울퉁불퉁하고 전체적으로 일그러져 있기도 하다. 너무 정밀히 측정하면 편차가 커져 오히려 진정한 형태로부터 벗어난 곡선이 만들어져버린다. 예를 들어 어떤 방향에서 본 항아리의 곡선과, 약간 틀어진 방향에서 본 곡선은 대략적으로 봤을 때 거의 비슷하지만 정밀히 측정해보면 제법 다르다. 그래서 수학적인 분석이 가능할 정도로 정밀한 측정을 해보면 특정한 항아리 형태를 나타내는 곡선이 몇십 개나 나오게 된다. 그중 어느 것을 채용해야 그 형식의 특징이 잘 표현되는지조차 알 수가 없다.

동생은 고군분투하고 있었던 것 같았다. 하지만 제대로 된 연구 성과를 거두지 못한 상태에서 파리로 가게 되었고, 거기서 병을 얻어 귀국 후 얼마 되지 않아 세상을 떠나고 말았다. 그래서 토기 형식의 수학적 고찰이라는 약간 독특한 이 연구는 마침내 빛을 보지 못한 채 영구히 묻혀버렸던 것이다.

지금 생각해보면 이것은 대담하기 그지없는 연구였다. 만약 이것이 완성되었다면 어느 시대, 어느 민족이나 가지고 있었을 정신문화를 수학적으로 규정할 수 있게 되었을 것이다. 그런 엄청난 일이 쉽사리 가능할 리 없다. 하지만 신기하게도 그런 분석 따위 하지 않고, 그냥 눈으로 보기만 해도 그 형식이 한눈에 파악돼버린다. 분명 차이가 있기 때문일 것이다. 눈으로 보면 금방 알 수 있을 정도의 차이임에도 불구하고, 정밀한 측정을 하면 오히려 파악할 수 없게 된다는 것은 참으로 아이러니한 이야기다.

물론 그것은 비단 토기 형태만의 이야기는 아니다. 나무의 형태도 마찬가지다. 잎사귀가 떨어진 나무를 바라보면 매화나무인지 벚나무인지 단풍나무인지, 줄기 모양만 봐도 금방 알 수 있다. 줄기 형태는 한 지점에서 나온 잔가지의 숫자나 그 각도, 거기에 그다음 잔가지까지의 거리로 결정된다. 그런데 같은 매화나무라도 나무에 따라 그 줄기가 뻗어나간 상태는 각각 다르다.

　아울러 한 그루의 매화나무에 대해서도 가지에 따라 차이가 있고, 아래에서 나무 끝으로 향해감에 따라 변하고 있다. 그래서 마찬가지로 매화나무라고 해도 줄기 모양은 천차만별이다. 하지만 나무 전체로서 바라보면 역시 매화는 매화다운 줄기 모양을 하고 있다는 것을 누구나 알 수 있다.

　부분적으로 살펴보면 변화가 너무 커서 법칙 같은 것은 발견되지 않지만, 전체적으로 살펴보면 일정한 형식이 있다. 그런 현상은 세상에 얼마든지 있다. 토기 형식이나 나무의 줄기 모양은 일례에 지나지 않는다. 건조한 논밭이 어떻게 갈라지는지도 한번 쭉 살펴보면 너무도 규칙적인 거북이 등껍질 상태로 갈라져 있다. 하지만 실제로 갈라진 부분을 하나하나 살펴보면 육각형이 아니며 갈라진 틈의 각도도 제각각 다르다. 그 때문에 이런 현상을 극명하게 수학적으로 분석해도 우리들이 직접적으로 느끼는 '일면 전체적으로 화려하게 갈라져 있는' 느낌은 법칙으로는 도출되지 않는 것이다.

느낌으로라면 간단히 포착될 법칙이 오늘날 이토록 발달한 과학의 힘으로도 여전히 포착될 수 없다는 것은 너무나 이상한 이야기다. 하지만 그것은 결코 과학의 무력함을 나타내지 않는다. 현대 과학과 맞지 않는 문제일 뿐이다. 오늘날의 과학은 그 기초가 분석에 있기 때문에 분석에 의해 본질이 변하지 않는 것이 아니라면 취급하기가 어렵다. 분석에 의해 본질이 바뀌는 것이라면 일단 분석을 실시하고 종합하는 작업에 의미가 있다. 전체로서는 어떤 느낌을 가지고 있지만 분석해보니 그 부분에는 본질적으로 이전의 느낌의 기초가 되는 것은 존재하지 않는다. 그런 문제는 오늘날의 과학에서는 매우 어려운 문제다. 가장 좋은 예는 생명현상일 것이다. 인체를 구성하고 있는 세포 단백질의 비밀을 궁극적으로까지 파악했다 해도 생명 그 자체는 현재의 과학적 방법을 가지고는 영구히 알 수 없다. 적어도 필자는 그렇게 생각한다.

물론 개개의 현상은 복잡하기 그지없으며, 그 구체적인 현란함은 도저히 파악이 불가능하다. 하지만 그런 현상이 매우 많이 겹쳐져 전체적으로 하나의 현상을 나타내는 경우가 있다. 그리고 거기에 어떤 법칙이 전체적으로 존재할 경우에는 그것을 취급할 과학 분야가 있다. 통계라는 학문이 바로 그것이다. 개개인의 죽음은 예측할 수 없지만 국민 전체로는 사망률과 연령의 관계가 제대로 존재한다. 그 법칙을 알아야만 생명보험업의 경영이 가능한 것이다.

하지만 이 경우 숫자가 매우 많아야 하기 때문에, 예를 들어 100명 정도 되는 회원으로는 생명보험 이론이 적용되지 않는다. 요즘 유행하는 추계학(추측통계학. 모집단에서 임의로 추출한 표본에 따라 모집단의 상태를 추측하는 학문-역자 주)에서는 소수의 예에 대한 통계적 연구법에 대해 열띤 논의를 거듭하고 있지만, 이것도 결국 대략적인 확률을 내는 것일 뿐으로, 어쩔 수 없는 경우에만 사용해야 한다.

결국 줄기 모양이 특이점이나 전통 찻잔의 곡선의 아름다움은 과학의 대상이 될 수 없을 듯하다. 엄밀히 말하자면 과학적 방법으로 그 본질적 모습을 포착하려는 시도가 불가능하지는 않지만, 결코 영리한 방법은 아니다. 그 점만은 분명하다. 물론 과학적 방법, 즉 분석과 종합에 의해 어떤 결과를 얻을 수 있다면 그것은 일반성이 있기 때문에 그다음의 진보에 유용하다. 오늘날 과학이 이토록 발달했던 것은 이 특징을 아주 잘 활용했기 때문이다. 하지만 그것이 인간의 행복에 진정으로 기여했는지는 또 다른 별개의 문제다.

줄기 모양을 그저 한번 보고 전체로서의 특징을 느낀 것만으로는 학문이 성립되지 않는다. 하지만 그것이 인생에 전혀 도움이 되지 않았다고는 말할 수 없다. 조금 기발한 예인데 산속 깊숙한 골짜기에서 길을 잃었을 때 어떤 나무를 보고 이것은 인공적인 요소가 가미된 줄기 모양이라는 것을 알고 그 방향으로 걸어가서 겨우 살았다고 한다. 학문으로 성립되지 않더라도 도움이 되는 쪽이 낫다. 이것은 약간 억지스러운 논리지만 이 안에 어떤 진리도 있을 것 같다.

줄기 모양을 감상하거나 전통 찻잔의 곡선이 가진 아름다움을 아끼는 마음은 과학과는 거리가 먼 이야기이니 내버려두는 편이 좋을 것 같다. 그다지 유용하지 않지만 그 대신 해악도 없다. 다도茶道가 오늘날 과학문명의 세상이 되어도 여전히 생명력이 있는 것은 과학과 인연이 없기 때문이다. 언젠가는 과학적 다도 같은 것도 생길지 모르지만, 그런 것은 금방 사라져버릴 운명일 것이다. 다도는, 과학 따위에 초연한 자세로 있을 수 있다면 영원히 살아남을 것이다.

부록 275

역자 후기

뼛속 깊이, 세포 속 미토콘드리아까지 '문과형 인간'이라 자부하는 역자에게 『과학의 방법』이라는 이름의 이 책은 거의 '과학의 발견'에 가까울 정도로 신선했다. 과학에 대한 책이 이렇게 재미있을 줄 미처 몰랐다. 번역을 하다 보면 번역 작업 이상으로 내용 확인이나 배경지식 학습에 많은 시간을 할애하게 되는데, 과학의 방법을 다루는 이 책의 내용이나 시선이 너무나 흥미로웠기 때문이다. '질량 보존의 법칙'이라는 용어를 접해도 영화 「봄날은 간다」의 유지태의 대사 "어떻게 사랑이 변하니?"를 떠올리며 마음에도 '질량 보존의 법칙'이 적용될까를 생각해버리는 '문과형 인간'이긴 하지만, 번역을 하면서 여태까지 깨닫지 못했던 과학적 사유 과정을 어깨너머로 배울 수 있어서 인생을 바라보는 데 많은 참고가 되었다.

아울러 이 책은 온전히 과학 그 자체에 대해서만 이야기하는 책이 아니다. 오히려 과학의 한계나 인간과 세계, 삶에 대해서도 이야기하고 있다. 그런 의미에서 요즘 회자되고 있는 '창의융합형' 서적이라고 할 수 있다. 그도 그럴 것이 저자인 나카야 우키치로는 눈과 얼음 연구에 평생을 바친 물리학자로 많은 업적을 남기고 있지만, 동시에 과학과 문학을 멋지게 조합해낸 저명한 수필가이기도 하기때문이다. 이는 저자의 스승이었던 물리학자이자 수필가 데라다 도라히코의 삶을 연상시킨다. 일본의 대표적인 작가 나쓰메 소세키의 출세작 『나는 고양이로소이다』의 등장인물 간게쓰의 모델이 되었다고도 일컬어지는 데라다 도라히코는 소세키가 가장 아끼던 제자 중 한 사람이었다. 즉 나쓰메 소세키, 데라다 도라히코, 나카야 우키치로로 이어지는 사제관계 속에서, '문·이과 통합형' 삶에 대한 깊은 성찰이라는 DNA가 이어지고 있다.

그렇기 때문에 과학에 대한 관심의 유무와 상관없이, 삶과 인생에 관심이 계신 모든 분들이 읽으실 만한 책이라고 판단된다. 많은 분들이 에이케이커뮤니케이션즈에서 출간하는 양질의 이와나미신서를 많이 읽어주시길 기대한다.

2019년 2월

옮긴이 김수희

일본의 지성을 읽는다

001 이와나미 신서의 역사
가노 마사나오 지음 | 기미정 옮김 | 11,800원

일본 지성의 요람, 이와나미 신서!
1938년 창간되어 오늘날까지 일본 최고의 지식 교양서 시리즈로 사랑받고 있는 이와나미 신서. 이와나미 신서의 사상·학문적 성과의 발자취를 더듬어본다.

002 논문 잘 쓰는 법
시미즈 이쿠타로 지음 | 김수희 옮김 | 8,900원

이와나미서점의 시대의 명저!
저자의 오랜 집필 경험을 바탕으로 글의 시작과 전개, 마무리까지, 각 단계에서 염두에 두어야 할 필수사항에 대해 효과적이고 실천적인 조언이 담겨 있다.

003 자유와 규율 -영국의 사립학교 생활-
이케다 기요시 지음 | 김수희 옮김 | 8,900원

자유와 규율의 진정한 의미를 고찰!
학생 시절을 퍼블릭 스쿨에서 보낸 저자가 자신의 체험을 바탕으로, 엄격한 규율 속에서 자유의 정신을 훌륭하게 배양하는 영국의 교육에 대해 말한다.

004 외국어 잘 하는 법
지노 에이이치 지음 | 김수희 옮김 | 8,900원

외국어 습득을 위한 확실한 길을 제시!!
사전·학습서를 고르는 법, 발음·어휘·회화를 익히는 법,
문법의 재미 등 학습을 위한 요령을 저자의 체험과 외국어
달인들의 지혜를 바탕으로 이야기한다.

005 일본병 -장기 쇠퇴의 다이내믹스-
가네코 마사루, 고다마 다쓰히코 지음 | 김준 옮김 | 8,900원

일본의 사회·문화·정치적 쇠퇴, 일본병!
장기 불황, 실업자 증가, 연금제도 파탄, 저출산·고령화의
진행, 격차와 빈곤의 가속화 등의 「일본병」에 대해 낱낱이 파
헤친다.

006 강상중과 함께 읽는 나쓰메 소세키
강상중 지음 | 김수희 옮김 | 8,900원

나쓰메 소세키의 작품 세계를 통찰!
오랫동안 나쓰메 소세키 작품을 음미해온 강상중의 탁월한
해석을 통해 나쓰메 소세키의 대표작들 면면에 담긴 깊은 속
뜻을 알기 쉽게 전해준다.

007 잉카의 세계를 알다
기무라 히데오, 다카노 준 지음 | 남지연 옮김 | 8,900원

위대한 「잉카 제국」의 흔적을 좇다!
잉카 문명의 탄생과 찬란했던 전성기의 역사, 그리고 신비에
싸여 있는 유적 등 잉카의 매력을 풍부한 사진과 함께 소개
한다.

008 수학 공부법
도야마 히라쿠 지음 | 박미정 옮김 | 8,900원
수학의 개념을 바로잡는 참신한 교육법!
수학의 토대라 할 수 있는 양·수·집합과 논리·공간 및 도형·변수와 함수에 대해 그 근본 원리를 깨우칠 수 있도록 새로운 관점에서 접근해본다.

009 우주론 입문 -탄생에서 미래로-
사토 가쓰히코 지음 | 김효진 옮김 | 8,900원
물리학과 천체 관측의 파란만장한 역사!
일본 우주론의 일인자가 치열한 우주 이론과 관측의 최전선을 전망하고 우주와 인류의 먼 미래를 고찰하며 인류의 기원과 미래상을 살펴본다.

010 우경화하는 일본 정치
나카노 고이치 지음 | 김수희 옮김 | 8,900원
일본 정치의 현주소를 읽는다!
일본 정치의 우경화가 어떻게 전개되어왔으며, 우경화를 통해 달성하려는 목적은 무엇인가. 일본 우경화의 전모를 낱낱이 밝힌다.

011 악이란 무엇인가
나카지마 요시미치 지음 | 박미정 옮김 | 8,900원
악에 대한 새로운 깨달음!
인간의 근본악을 추구하는 칸트 윤리학을 철저하게 파고든다. 선한 행위 속에 어떻게 악이 녹아들어 있는지 냉철한 철학적 고찰을 해본다.

012 포스트 자본주의 -과학 · 인간 · 사회의 미래-

히로이 요시노리 지음 | 박제이 옮김 | 8,900원

포스트 자본주의의 미래상을 고찰!

오늘날 「성숙 · 정체화」라는 새로운 사회상이 부각되고 있다. 자본주의 · 사회주의 · 생태학이 교차하는 미래 사회상을 선명하게 그려본다.

013 인간 시황제

쓰루마 가즈유키 지음 | 김경호 옮김 | 8,900원

새롭게 밝혀지는 시황제의 50년 생애!

시황제의 출생과 꿈, 통일 과정, 제국의 종언에 이르기까지 그 일생을 생생하게 살펴본다. 기존의 폭군상이 아닌 한 인간으로서의 시황제를 조명해본다.

014 콤플렉스

가와이 하야오 지음 | 위정훈 옮김 | 8,900원

콤플렉스를 마주하는 방법!

「콤플렉스」는 오늘날 탐험의 가능성으로 가득 찬 미답의 영역, 우리들의 내계, 무의식의 또 다른 이름이다. 융의 심리학을 토대로 인간의 심층을 파헤친다.

015 배움이란 무엇인가

이마이 무쓰미 지음 | 김수희 옮김 | 8,900원

'좋은 배움'을 위한 새로운 지식관!

마음과 뇌 안에서의 지식의 존재 양식 및 습득 방식, 기억이나 사고의 방식에 대한 인지과학의 성과를 바탕으로 배움의 구조를 알아본다.

016 프랑스 혁명 -역사의 변혁을 이룬 극약-
지즈카 다다미 지음 | 남지연 옮김 | 8,900원

프랑스 혁명의 빛과 어둠!
프랑스 혁명은 왜 그토록 막대한 희생을 필요로 하였을까.
시대를 살아가던 사람들의 고뇌와 처절한 발자취를 더듬어
가며 그 역사적 의미를 고찰한다.

017 철학을 사용하는 법
와시다 기요카즈 지음 | 김진희 옮김 | 8,900원

철학적 사유의 새로운 지평!
숨 막히는 상황의 연속인 오늘날, 우리는 철학을 인생에 어
떻게 '사용'하면 좋을까? '지성의 폐활량'을 기르기 위한 실천
적 방법을 제시한다.

018 르포 트럼프 왕국 -어째서 트럼프인가-
가나리 류이치 지음 | 김진희 옮김 | 8,900원

또 하나의 미국을 가다!
뉴욕 등 대도시에서는 알 수 없는 트럼프 인기의 원인을 파
헤친다. 애팔래치아 산맥 너머, 트럼프를 지지하는 사람들의
목소리를 가감 없이 수록했다.

019 사이토 다카시의 교육력
-어떻게 가르칠 것인가-
사이토 다카시 지음 | 남지연 옮김 | 8,900원

창조적 교육의 원리와 요령!
배움의 장을 향상심 넘치는 분위기로 이끌기 위해 필요한 것
은 가르치는 사람의 교육력이다. 그 교육력 단련을 위한 방
법을 제시한다.

020 원전 프로파간다 -안전신화의 불편한 진실-

혼마 류 지음 | 박제이 옮김 | 8,900원

원전 확대를 위한 프로파간다!

언론과 광고대행사 등이 전개해온 원전 프로파간다의 구조
와 역사를 파헤치며 높은 경각심을 일깨운다. 원전에 대해
서, 어디까지 진실인가.

021 허블 -우주의 심연을 관측하다-

이에 마사노리 지음 | 김효진 옮김 | 8,900원

허블의 파란만장한 일대기!

아인슈타인을 비롯한 동시대 과학자들과 이루어낸 허블의
영광과 좌절의 생애를 조명한다! 허블의 연구 성과와 인간적
인 면모를 살펴볼 수 있다.

022 한자 -기원과 그 배경-

시라카와 시즈카 지음 | 심경호 옮김 | 9,800원

한자의 기원과 발달 과정!

중국 고대인의 생활이나 문화, 신화 및 문자학적 성과를 바
탕으로, 한자의 성장과 그 의미를 생생하게 들여다본다.

023 지적 생산의 기술

우메사오 다다오 지음 | 김욱 옮김 | 8,900원

지적 생산을 위한 기술을 체계화!

지적인 정보 생산을 위해 저자가 연구자로서 스스로 고안하
고 동료들과 교류하며 터득한 여러 연구 비법의 정수를 체계
적으로 소개한다.

024 조세 피난처 -달아나는 세금-
시가 사쿠라 지음 | 김효진 옮김 | 8,900원
조세 피난처를 둘러싼 어둠의 내막!
시민의 눈이 닿지 않는 장소에서 세 부담의 공평성을 해치는
온갖 악행이 벌어진다. 그 조세 피난처의 실태를 철저하게
고발한다.

025 고사성어를 알면 중국사가 보인다
이나미 리쓰코 지음 | 이동철, 박은희 옮김 | 9,800원
고사성어에 담긴 장대한 중국사!
다양한 고사성어를 소개하며 그 탄생 배경인 중국사의 흐름
을 더듬어본다. 중국사의 명장면 속에서 피어난 고사성어들
이 깊은 울림을 전해준다.

026 수면장애와 우울증
시미즈 데쓰오 지음 | 김수희 옮김 | 8,900원
우울증의 신호인 수면장애!
우울증의 조짐이나 증상을 수면장애와 관련지어 밝혀낸다.
우울증을 예방하기 위한 수면 개선이나 숙면법 등을 상세히
소개한다.

027 아이의 사회력
가도와키 아쓰시 지음 | 김수희 옮김 | 8,900원
아이들의 행복한 성장을 위한 교육법!
아이들 사이에서 타인에 대한 관심이 사라져가고 있다. 이에
「사람과 사람이 이어지고, 사회를 만들어나가는 힘」으로 「사
회력」을 제시한다.

028 쑨원 -근대화의 기로-
후카마치 히데오 지음 | 박제이 옮김 | 9,800원
독재 지향의 민주주의자 쑨원!
쑨원, 그 남자가 꿈꾸었던 것은 민주인가, 독재인가? 신해혁
명으로 중화민국을 탄생시킨 희대의 트릭스터 쑨원의 못다
이룬 꿈을 알아본다.

029 중국사가 낳은 천재들
이나미 리쓰코 지음 | 이동철, 박은희 옮김 | 8,900원
중국 역사를 빛낸 56인의 천재들!
중국사를 빛낸 걸출한 재능과 독특한 캐릭터의 인물들을 연
대순으로 살펴본다. 그들은 어떻게 중국사를 움직였는가?!

030 마르틴 루터 -성서에 생애를 바친 개혁자-
도쿠젠 요시카즈 지음 | 김진희 옮김 | 8,900원
성서의 '말'이 가리키는 진리를 추구하다!
성서의 '말'을 민중이 가슴으로 이해할 수 있도록 평생을 설
파하며 종교개혁을 주도한 루터의 감동적인 여정이 펼쳐진
다.

031 고민의 정체
가야마 리카 지음 | 김수희 옮김 | 8,900원
현대인의 고민을 깊게 들여다본다!
우리 인생에 밀접하게 연관된 다양한 요즘 고민들의 실례를
들며, 그 심층을 살펴본다. 고민을 고민으로 만들지 않을 방
법에 대한 힌트를 얻을 수 있을 것이다.

032 나쓰메 소세키 평전

도가와 신스케 지음 | 김수희 옮김 | 9,800원

일본의 대문호 나쓰메 소세키!

나쓰메 소세키의 작품들이 오늘날에도 여전히 사람들의 마음을 매료시키는 이유는 무엇인가? 이 평전을 통해 나쓰메 소세키의 일생을 깊이 이해하게 되면서 그 답을 찾을 수 있을 것이다.

033 이슬람문화

이즈쓰 도시히코 지음 | 조영렬 옮김 | 8,900원

이슬람학의 세계적 권위가 들려주는 이야기!

거대한 이슬람 세계 구조를 지탱하는 종교·문화적 밑바탕을 파고들며, 이슬람 세계의 현실이 어떻게 움직이는지 이해한다.

034 아인슈타인의 생각

사토 후미타카 지음 | 김효진 옮김 | 8,900원

물리학계에 엄청난 파장을 몰고 왔던 인물!

아인슈타인의 일생과 생각을 따라가 보며 그가 개척한 우주의 새로운 지식에 대해 살펴본다.

035 음악의 기초

아쿠타가와 야스시 지음 | 김수희 옮김 | 9,800원

음악을 더욱 깊게 즐길 수 있다!

작곡가인 저자가 풍부한 경험을 바탕으로 음악의 기초에 대해 설명하는 특별한 음악 입문서이다.

036 우주와 별 이야기

하타나카 다케오 지음 | 김세원 옮김 | 9,800원

거대한 우주의 신비와 아름다움!
수많은 별들을 빛의 밝기, 거리, 구조 등 다양한 시점에서 해
석하고 분류해 거대한 우주 진화의 비밀을 파헤쳐본다.

IWANAMI 037

과학의 방법

초판 1쇄 인쇄 2019년 3월 10일
초판 1쇄 발행 2019년 3월 15일

저자 : 나카야 우키치로
번역 : 김수희

펴낸이 : 이동섭
편집 : 이민규, 서찬웅, 탁승규
디자인 : 조세연, 백승주, 김현승
영업·마케팅 : 송정환
e-BOOK : 홍인표, 김영빈, 유재학, 최정수, 이현주
관리 : 이윤미

㈜에이케이커뮤니케이션즈
등록 1996년 7월 9일(제302-1996-00026호)
주소 : 04002 서울 마포구 동교로 17안길 28, 2층
TEL : 02-702-7963~5　FAX : 02-702-7988
http://www.amusementkorea.co.kr

ISBN 979-11-274-2393-3 04400
ISBN 979-11-7024-600-8 04080

KAGAKU NO HOUHOU
by Ukichiro Nakaya

이 도서의 국립중앙도서관 출판예정도서목록(CIP)은 서지정보유통지원시스템 홈페
이지(http://seoji.nl.go.kr)와 국가자료공동목록시스템(http://www.nl.go.kr/kolisnet)
에서 이용하실 수 있습니다. (CIP제어번호: CIP2019005677)

*잘못된 책은 구입한 곳에서 무료로 바꿔드립니다.